監修・解説 池田清彦
マンガ 村木豊

したたかでいい加減な生き物たち

さくら舎

はじめに

池田清彦

ここに描かれているのは7種の動物の物語である。どの動物たちも、ゲノム（遺伝子の総体）に組み込まれた生き方のなかで、精いっぱい生きているが、人間的な観点からすれば、本の題のように「したたかでいい加減」である。

人間は動物の中で例外的に脳が大きくなって、余計なことを考えるようになった。その結果、農耕を発明し科学技術を発展させ、快適な暮らしと長い寿命を手に入れたが、強欲《ごうよく》、嫉妬《しっと》、羨望《せんぼう》、死の恐れ、承認願望といった、厄介《やっかい》な情念に悩まされるようになった。動物たちはそういった情念と無縁なだけに、人間から見ると潔《いさぎよ》く、死を恐れず、残酷《ざんこく》である。

ある動物はメスをめぐって熾烈《しれつ》な戦いを繰り広げる。その結果、命を落とすこともある。人間から見ると、なにもそこまでして戦わなくてもいいと思うけれど、動物には、なんでこんなことまでして戦わなくてはならないのか、といった感情はない。戦闘モードに入った動物はひたすら戦うだけだ。

人間の中にも命を懸けて戦う人もいるが、命を懸けるにあたっては、国のためとか、名誉のためとか、といった屁理屈《へりくつ》を必ずつける。自分の命に理屈をつける動物はいない。

そうかというと、ほとんど働かずにぐーたらしている動物もいる。もう少し真面目に働けば、いい思いができるんじゃないか、と思う人もいるかもしれないが、ブラック企業で疲労困憊《こんぱい》している人から見れば、うらやましい限りだろう。

仲間のために命の限り働いて、本当に過労死してしまう個体や、自分は絶対に働かずに、仲間に食べさせてもらっている個体を持つ種《しゅ》もいる。馬鹿なヤツとか卑怯《ひきょう》なヤツとか思う人もいると思うが、動物には馬鹿とか卑怯というコトバはない。

「動物たちは子孫を残すために懸命に生きている」と知ったようなことを言う人もいるが、動物たちは子孫を残そうなどと思って生きているわけではない。子孫を残さなかった種は滅んでしまったわけだから、結果的に子孫を残すために生きているかのように思えるだけだ。

したたかにいい加減に生きているうちに、子孫を残した系列は生き延びて、子孫を残さなかった系列は死に絶えただけだ。

考えてみれば、人間だって同じようなものではないか。

目次◆したたかでいい加減な生き物たち

したたかでいい加減な生き物たち

1 怠け者を世話して過労死

アミメアリ

働きアリ（すべてメス）

日本のとある山
歩いているのはアミメアリの一団
お母さん
何？
おなか減ったね……
そうね……

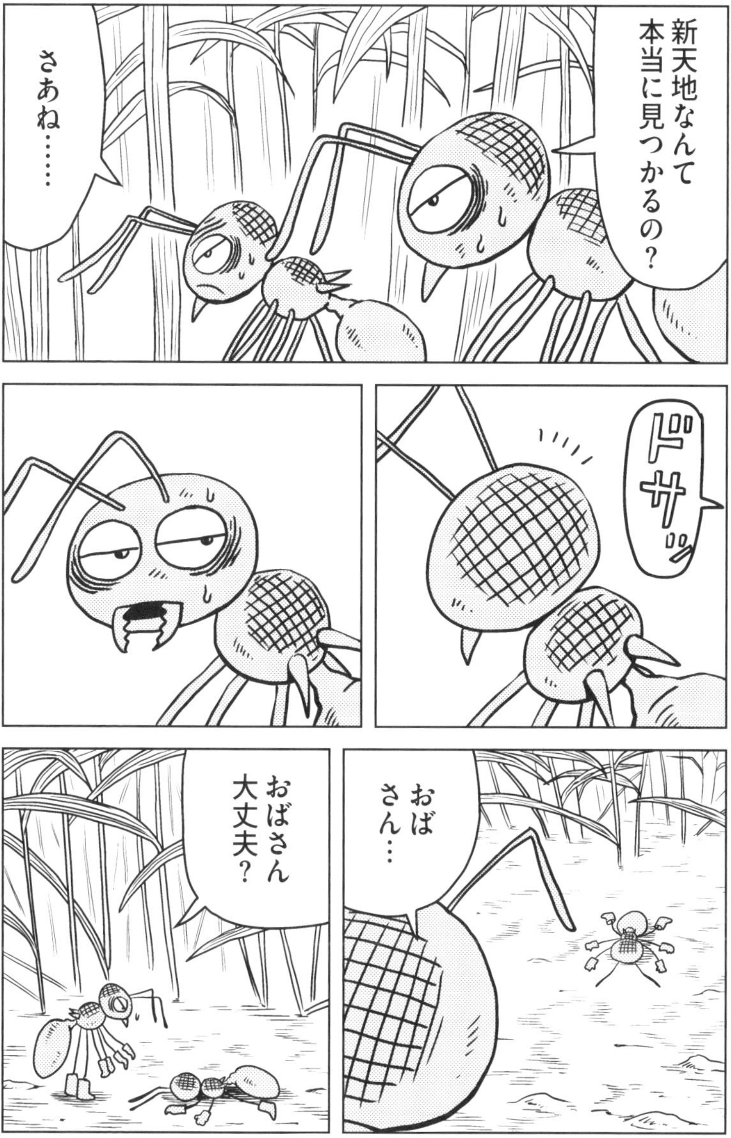
新天地なんて本当に見つかるの?
さあね……
ドサッ
おばさん…
おばさん大丈夫?

お母さん
おばさんが
力尽きた
のよ
私も
やばいわ…
ん?

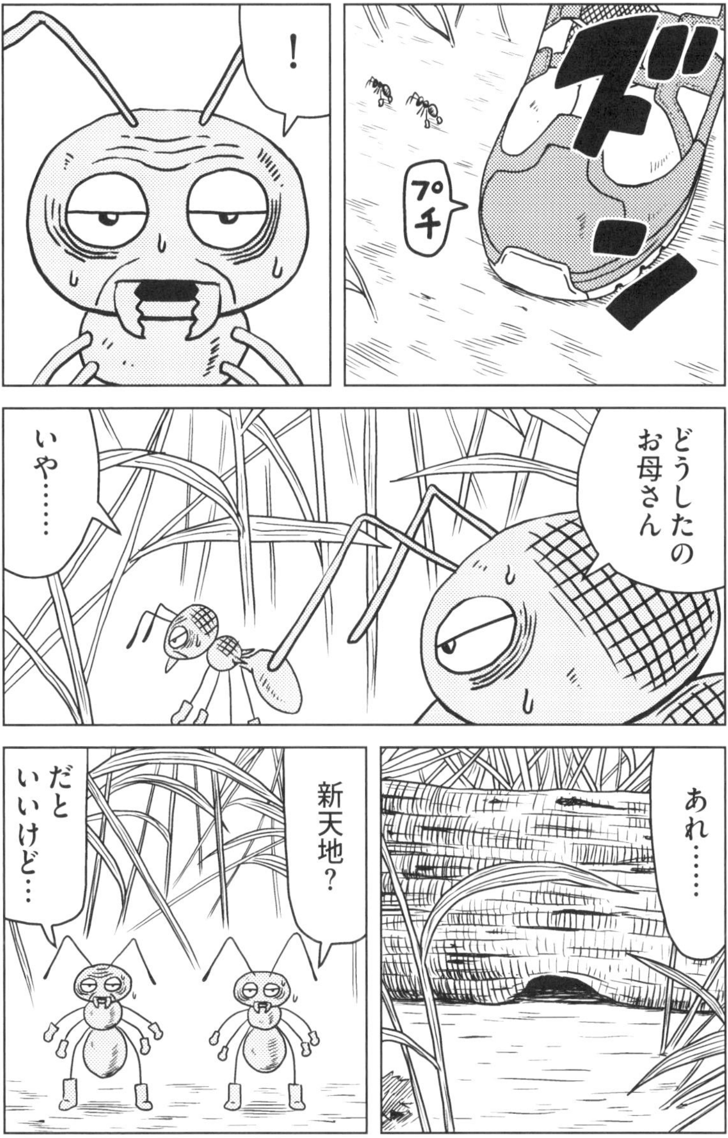
ズン
プチ
!
どうしたのお母さん
いや……
あれ……
新天地?
だといいけど…

あるアミメアリのコロニー
こんにちは……
何あんたたちどっから来たの？
あっち…
あっちじゃわかんないわよ
別のコロニーです
別のコロニー？
そんなものが近くにあるの？
はあ……
滅びましたけど

…………
滅んだ？
コロニーがまるごと？
ええ…
みんなバタバタ倒れていきました
みんなバタバタ？
何で？
食糧難です
何あのひとたち怪しくない？
でも困ってそう
あのー……
娘を仲間に入れてやってもらえませんか？

ええ？
んん？
働く？
はあ……
これとか持てる？
ええまあ……
どうか娘を……
グラ・・・
バタ

あら？
どーしたの？
おーい
あらま
死んでる……
自分の死期を悟《さと》ってたのかな
お母さーん

お母さーん
しく
しく
どうする？
かわいそうだから
面倒見て
あげようか
ほらあんた
ごはん食べな
もしゃ
もしゃ

ちょっと新入り！
何ゴロゴロしてんのよ
働きなよ！
ああ……
はい……
でも働き方わかんないですし……
ウソつくな！

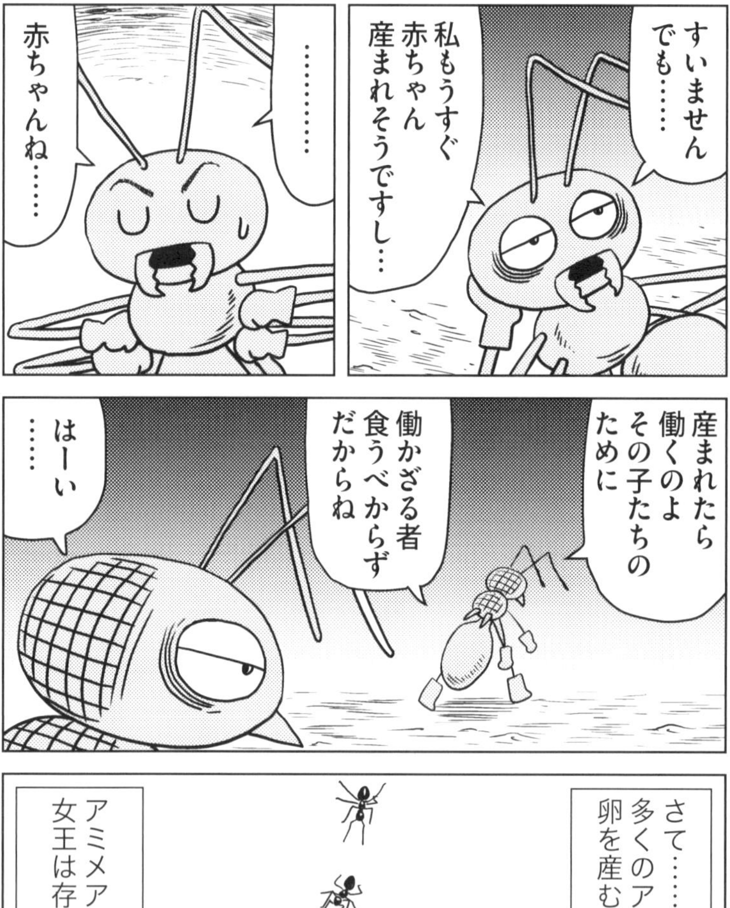
すいません
でも……
私もうすぐ
赤ちゃん
産まれそうですし…
…………
赤ちゃんね……
産まれたら
働くのよ
その子たちの
ために
働かざる者
食うべからず
だからね
はーい
……
さて……
多くのアリには
卵を産む女王がいるが
アミメアリのコロニーに
女王は存在しない

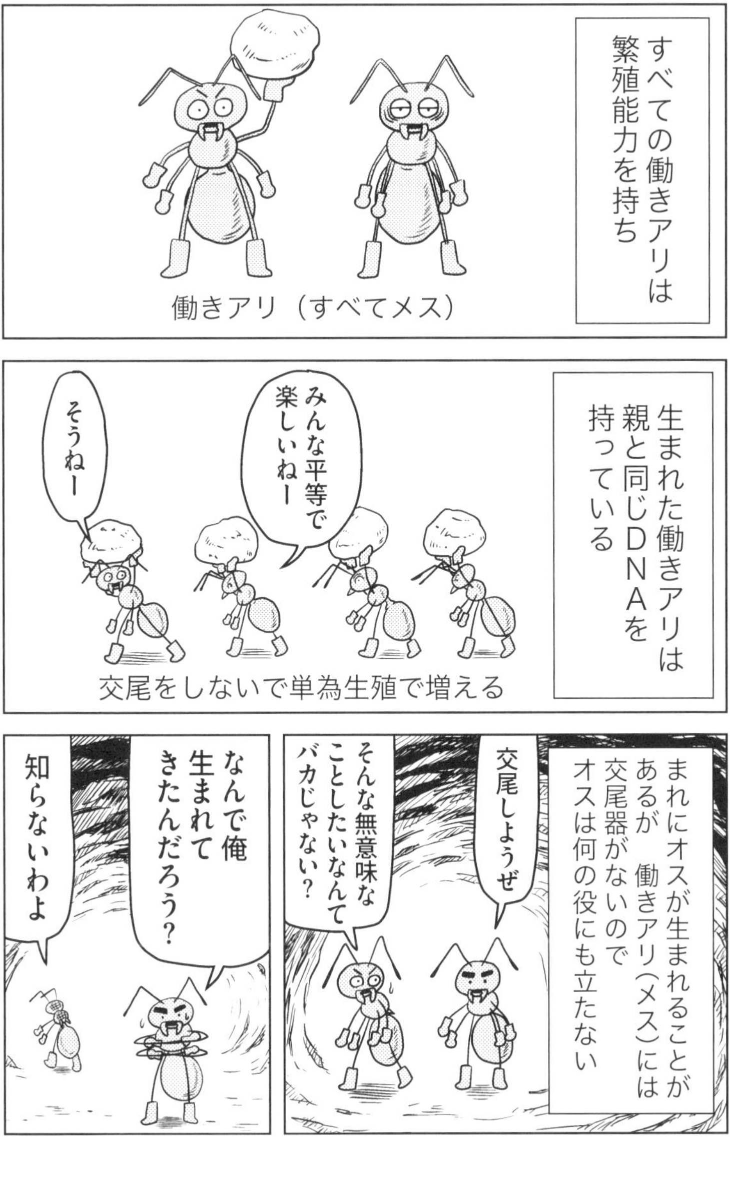
すべての働きアリは繁殖能力を持ち
働きアリ（すべてメス）
生まれた働きアリは親と同じＤＮＡを持っている
みんな平等で楽しいねー
そうねー
交尾をしないで単為生殖で増える
まれにオスが生まれることがあるが　働きアリ（メス）には交尾器がないのでオスは何の役にも立たない
交尾しようぜ
そんな無意味なことしたいなんてバカじゃない？
なんで俺生まれてきたんだろう？
知らないわよ

オギャア
オギャア
生まれた?
はい
じゃあ働いて
その前にごはんを…
赤ん坊にあげるの?
はい
どーも…
もぐもぐ
あんたが食べるのか!!

あー……
食った
ゲフ
寝よう……
ゴロ…
寝るな!!
子供のエサは誰がとってくるのよ!?
お願いします……
どしたのアミ子
あいつ頭おかしーよ
まったく働こうとしないんだ
……
グズ子と呼んでやる
じゃあ子供の面倒は誰が見るの?
それはもう私たちが見るしかないけどさー
そうしないと子供が死んじゃうし

しばらくして…
ガサ…
コロニーまで運ぶよー
足持つわ
私は頭を…
虫の死骸
はあ
はあ
あーなんか最近……
仕事忙しくてしんどいわ……
はあ
はあ
それにグズ子のガキどもがやたら増えた気がする……
ぐーぐー
ぐーぐー
しかもこいつら母娘ともども寝てるか遊んでるかどっちかで全く働こうとしない……
エサ運んでんの1回も見たことない……
だるまさんがころんだ
働け!!

だーるーまーさーんーがー……
ころんだ……
クル
ピタ
だるまさんが
ころんだ！
サッ
あっ……
グラ
あー動いたー……
しまったー……
アウトー
アハハ
なんか腹減った……
私もー……
ちょっとあんたたち……

あっアミ子さん…
ごはんください
私も
私も
ムカ
コラー
あんたたち
ー!!
ドサ
↑虫の頭
何なのよあんたたち
何で働かないのよ
ガクガク
あ〜〜〜……
何であんたたちの世話で
私たちが消耗しなくちゃ
いけないのよ
アミ子さん怒っても
無駄ですよ……
私たちの一族は
どうやら生まれつき
働けないように
できているみたいです

逆にアミ子さんたちは
働くのをやめることは
できないようですね
私たちの世話をする
くらいですから……
私にもよくわからない
ですけどそれが
私たちとあなたたちの
関係なんでしょうね……
神様のおぼしめしですよ
何言ってるの？
ふざけないで……
私たちは
働かないぶん
元気なので
子供をどんどん産める
のです……
そろそろ
終わりでしょうね
このコロニーは……
アミ子ごめん
私…
疲れたから
ちょっと休む…
えっ？

ちょっと大丈夫?
あっ!
死んだ
私もダメ……
ガク
私も……
バタ
みんな……
ごはんちょーだい…
ごはん
ごはん……
ごはん……

自分で探してこい!!
ダー
ごはん〜…
ごはん〜…
もう我慢の限界よ!!
会議室
働かないのはあいつらの勝手だけどもう世話はしない!!
じゃあどうする?アミ子
逃げるの?
だって完全に乗っ取られてるのよ
コロニーの半分以上がグズ子になった
でもコロニーを捨てるのは許されないのよ

コロニーなんか滅んでも……
自分たちが生きることの方が大事だ!!
そうでしょ？みんな!!
えっ？
うーんそう……かな？
私はコロニーと運命を共にするわ
好きにすれば？
私は逃げるわよ
で？
逃げてどうすんの？アミ子
新しいコロニーを作る!!どこかに
有志のみんなで

ゾロゾロゾロ・・・
どこに作んの？
探すのよ
んっ？
ガサ・・・
えっ？
ひぃぃぃ……
ダッ
わぁ
ピシッ

はあ はあ…
あー 怖かった…
逃げようとした奴だけ食われたね
あのでかい奴は動くものを狙うのよ
どこにコロニー作ろうか?
あっ
この石の下なんかよくない?
おっ いいね

一方 グズ子たちに乗っ取られたコロニー
腹減ったー
腹減ったー…
もうダメだな ここは……
アミ子さんたちがいなくなってしまった…
じゃあどうする?
外に出よう…
外に出て私たちの世話をしてくれるコロニーを探そう……
ゾロゾロゾロ…
こうして働かない働きアリ（グズ子たち）は新しいアミメアリのコロニーを求めて旅に出たのだった

この働かない働きアリは1万年前から存在している
突然変異で生まれどんどん増えたのだ
働かない働きアリがいてもアミメアリが絶滅しないのはなぜだろうか
……
それは新しい働く働きアリだけのコロニーが　働かない働きアリに乗っ取られるより早く作られているからだと考えられている
この不思議なアリはあなたの身近にもいるかもしれない
石の下とか

解説1 働かない働きアリという存在

アリはほとんどが真社会性の昆虫で、女王だけが繁殖《はんしょく》に関与して、働きアリは不妊のメスである。しかし、日本に普通に分布するアミメアリは女王を持たない。その代わりに、すべての働きアリが繁殖能力を持つのだ。

働きアリ（メス）の染色体は倍数体《ばいすうたい》の2nで、通常、倍数性単為生殖《たんいせいしょく》をおこなう。つまり精子を使わず自分と同じ2nの子孫をつくるのだ。稀《まれ》に染色体が半数体のnのオスアリも出現することがあるが、オスアリは機能的には何の役にも立たない。**そもそも働きアリには交尾器がない**ので、オスアリはただうろうろして死ぬだけだ。オスアリがなんで存在するのか、不思議といえば不思議だ。

アミメアリにはさらに種の存続を脅《おびや》かす存在がいる。働かない働きアリ（形態は普通の働きアリだがまったく働かない）である。多くのアリのコロニーにも働かない働きアリがいるけれども、働いている働きアリを除去すると、働きだす。

ところが、**アミメアリの働かない働きアリは遺伝的に決定されていて、どんな状況でも働かない。**アミメアリを研究している東京大学大学院准教授の土《ど》畑《ばた》重人《しげと》さんによれば、働かない働きアリも、倍数体単為生殖をおこない子孫を残すが、この子孫はやっぱり働かない働きアリになるという。

働かない働きアリは労働にエネルギーを使わない分、繁殖にエネルギーを投入することができるので、働く働きアリよりたくさんの子孫を残せるようだ。自分の子の面倒も見ないで、働く働きアリが子育てをするという。その結果、コロニーには働かない働きアリがどんどん増えて、働く働きアリは過労のために疲れ果てて死んでいき、やがてコロニーは崩壊してしまう。そうなると、働かない働きアリも生きていけないので、そのときだけは他のアミメアリのコロニーを探す。首尾《しゅび》よく潜《もぐ》り込んだヤツは、そのコロニーで増え続けて、そのコロニーをもいずれ崩壊させてしまう。

こんな不思議な生活をしていて、アミメアリという種はなぜ絶滅しないのだろう。土畑によると、**1万年以上前からこの2つのタイプの働きアリは共存している**とのことだ。

おそらく働く働きアリだけのコロニーが、働かない働きアリが侵入するスピードより速く創設されるのだろう。働く働きアリの一部は恒常的にコロニーを離れて、新しいコロニーを作っているのかもしれない。

2 子供はたいてい殺される

ライオン

ライオンは
プライドと言われる
群れで暮らしており
ドドドド
狩りは普通
メスがおこなう
ガブ
しかしこれは
メスではなく…
ガオー…
さすらう運命の
オスたちの話だ…
はっ

お母さんの声だ！
狩りに成功した合図だ！
ムク
ごはんだぞジョニー
今行くよハリー
お父さん
ガツッ
ガツッ
ガツッ
ガツッ
あのお父さん…
……何だ？

僕たちにも少し残しといてくれるよね？
……………
ハリー
お前いくつになった？
3歳だよ
弟のジョニーは？
お母さん
同じだよ一緒に生まれたんだから
お前らの食いブチはもうねえよ
オスはプライドに残るものじゃねえ出ていけ

放浪生活だよ ジョニー
そうだね ハリー
遊ぼう
ガッ
ゴロッ
勝ったー
あー くそ

腹減らねえ?ジョニー
うん
おい
…………
食い物おいてどっか行け
ハイエナども
最初はこうやって食べ物を得ていたが

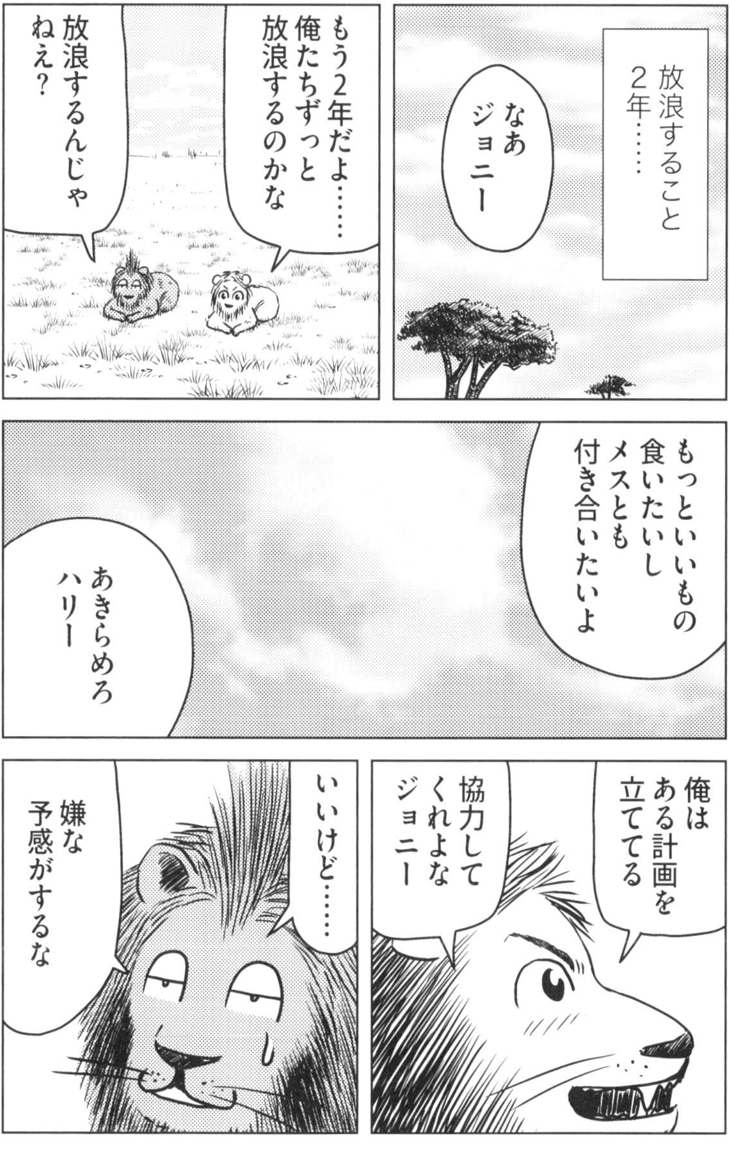
放浪すること2年……
なあジョニー
もう2年だよ……俺たちずっと放浪するのかな
放浪するんじゃねえ?
もっといいもの食いたいしメスとも付き合いたいよ
あきらめろハリー
俺はある計画を立ててる
協力してくれよなジョニー
いいけど……
嫌な予感がするな

ワハハハ……
んっ？

何だ？お前
俺はハリー
お前のプライドを乗っ取りにきた
死にたくなければどっか行け
ひとりで来たのか？
見ての通りだ
アハハハ…

お前みたいなアホは10匹目だ
バキッ
ぐあっ
ドドッ
首食いちぎってやる
ガオー
今だジョニー!!
ピョーン

ズン
ガブッ
ぎゃあ！
ぐああ！
ガスガス
ガリガスガス
はあはあ…
思い知ったか？
この野郎
もう死んでるよ
ハリー

おい
お前らのボスは倒したぞ
俺のメスになれよ
やめて……

パシッ
残念だったな
ハリー
ちょっと休んだら
行こうぜ
…………
…………

ん？
お？ 何だ さっきの プライドの ガキじゃ ねーか
遊んで ほしいのか？
チョン チョン

ごろ
ごろ
俺たちはなぁ お前のお父ちゃんを 殺したんだぞ わかってんのか？
コロ
わかって ないな
ー
きゃあ きゃあ
ははは
ああ かわいいな
俺も 子供が ほしいな
はははは

その夜……
はっ

ドサ
ああ…
子供たち…
ああ みんな 死んでる…
なんで こんな ひどいことを……
子供が全員いなくなれば 新しい子供が ほしくなるだろ？
俺だって こんなことは したくなかったが しょうがなかった
俺の子を 産めよ
うう……

ハリー
ん？
何だよ
お前
こんなこと
までして…
そのうち
報《むく》いを受ける
気がするん
だけど
何言ってんだよ
ジョニー
俺たちふたり
揃ってれば
大丈夫だって
俺たちの未来は
バラ色だぜ

そうして彼らはプライドの主になった
ハリーパパ
パパー
ハリーパパー
おお
どうした俺の子供たち
遊んでー
はっはっはいいとも
ハリー狩りに成功したわ
おお今行くよアマンダ

ガツ
ガツ
おいジョニーがいないな
ジョニーはどこだ？
メスたちジョニーを知らないか
ジョニー？さあ……
知らないわ
ふーん
ちょっと捜してくる
お前たち残り食っていいぞ
はーい

おい
ジョニー
どこだ!?
ジャリ
はっ!!

ジョニー!!
死んでる……!!
うっ
ガサ…
ジリ…

てめえらがジョニーを…
……
おめーも殺してやるよ
プライドはもらうぜ
ちくしょー
ダッ
ボコボっ
バキバキ
ドサッ

きゃあ
きゃあ
あとはガキども殺せば終わりか
楽勝だな

ボロ…
ハリー
……
子供たち……
みんな殺されただろうな
いてて
くそっ…

ジョニー お前の言った 通りだ
これが 報いという やつか
………
まあ いいや
今度は どこ行くかな
とはいったものの
狩りのできない彼を
待っているのは
野垂れ死にの末路
のみである

解説2 怠け者のオスに降りかかる試練

ライオンは大変な怠《なま》け者で、朝から晩までゴロゴロしていることが多い。血相を変えて頑張るのは、オスではプライド（群れ）の覇権《はけん》を懸《か》けてライバルのオスと戦うとき、キリンなどの大型の獲物《えもの》を仕留めるとき、ハイエナなどの敵を追う払うとき、交尾をするときである。メスでは、プライドの仲間のメスと協力して狩りをするときだ。

こう書くと、いかにもオスの方が仕事が多そうだ。だが、メスの狩りは日常的な仕事だが、オスの仕事はときどきなので、オスの方が圧倒的に暇《ひま》なのである。

オスが一番忙しいのはメスが発情したときだ。交尾は数日間おこなわれるが、オスメスとも食事をとらず、**1日に20回以上、多いときには50回も交尾する。**もっとも1回の交尾時間は短く、20秒程度である。プライドのメスは次々に発情することが多く、すべてが終わった後では、オスはやせ細ってしまうことが多い。

プライドはオスが1～2頭、メスが10～15頭くらいで形成され、獲物を狩るのはもっぱらメスの仕事で、オスはメスが狩ってきた獲物を真っ先に食べる。しかし、そんなおいしい生活ができるのもプライドの主《あるじ》として君臨している数年だけで、それ以外の期間は試練の連続なのだ。

妊娠したメスは通常2～3頭の仔を産む。乳児は自分の母親ばかりでなく、プライドの他のメスからも乳をもらう。乳児の死亡率は高いが、2歳まで育った子供の死亡率はずっと低くなる。子供たちはじゃれあって遊び、ここからしばらくの間が生涯で一番楽しいときだ。

メスは2歳になると狩りができるようになり、3歳で性成熟するが、**オスは4歳くらいで性成熟する前にプライドを追い出されてしまい**、たいていは一緒に追い出された兄弟とペアになって**放浪生活をする**。

衰えたオスが支配するプライドを狙って、乗っ取りに成功すると、通常、乳児を殺す。乳児を殺されたメスは、しばらくすると新しいオスの仔を産む。数年くらいしかプライドを支配できないオスにすれば、そうしなければ自分の子孫をたくさん残せないのである。

プライドを追い出された老いたオスには、悲《ひ》惨《さん》な運命が待ち受けている。一方、**メスは生涯プライドに留まることができるので、オスに比べてずっと幸せ**である。10年以上生きるオスは稀であるが、メスはずっと長生きである。

3 弱くても うまいことやる方法

ミナミゾウアザラシ

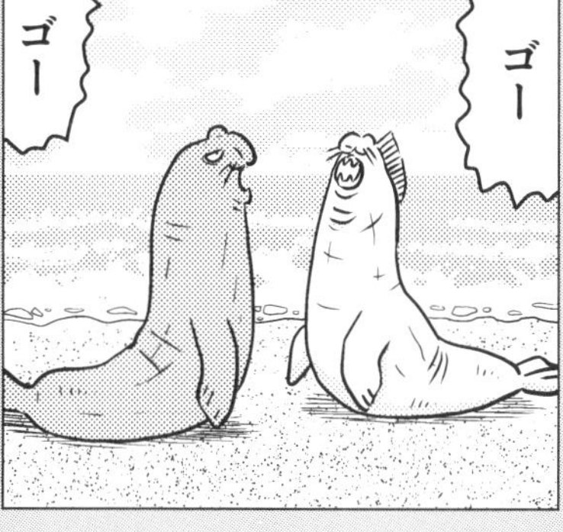

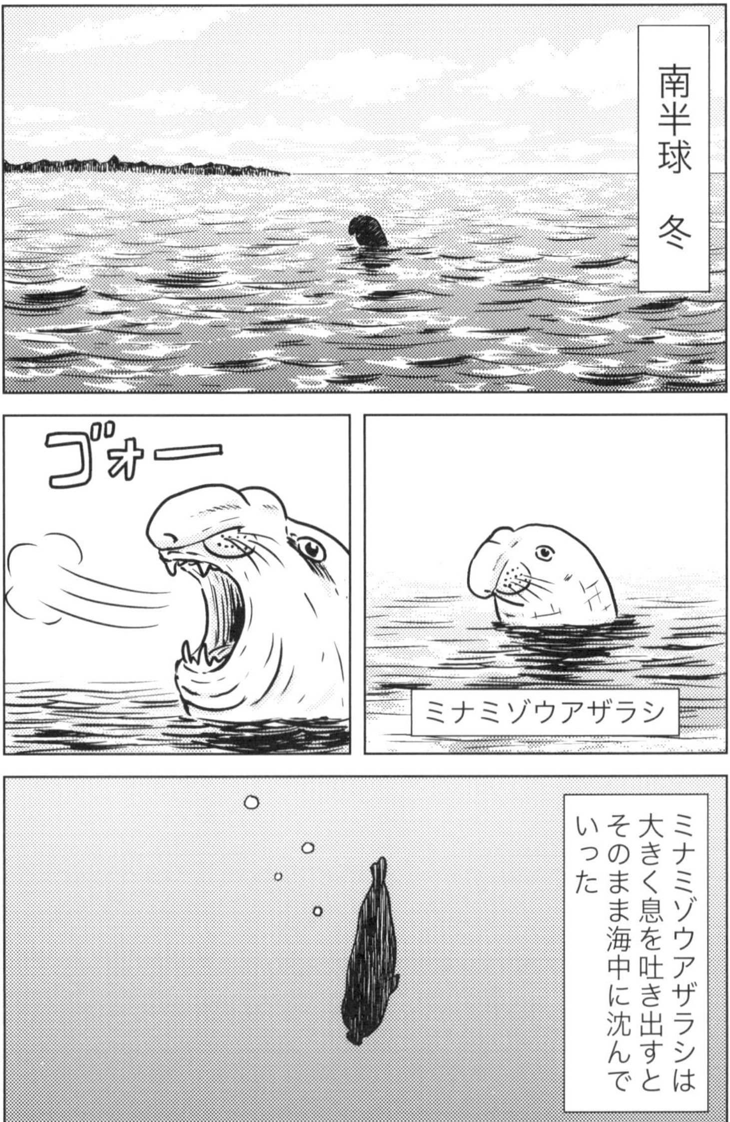
南半球　冬
ミナミゾウアザラシ
ゴォー
ミナミゾウアザラシは大きく息を吐き出すとそのまま海中に沈んでいった

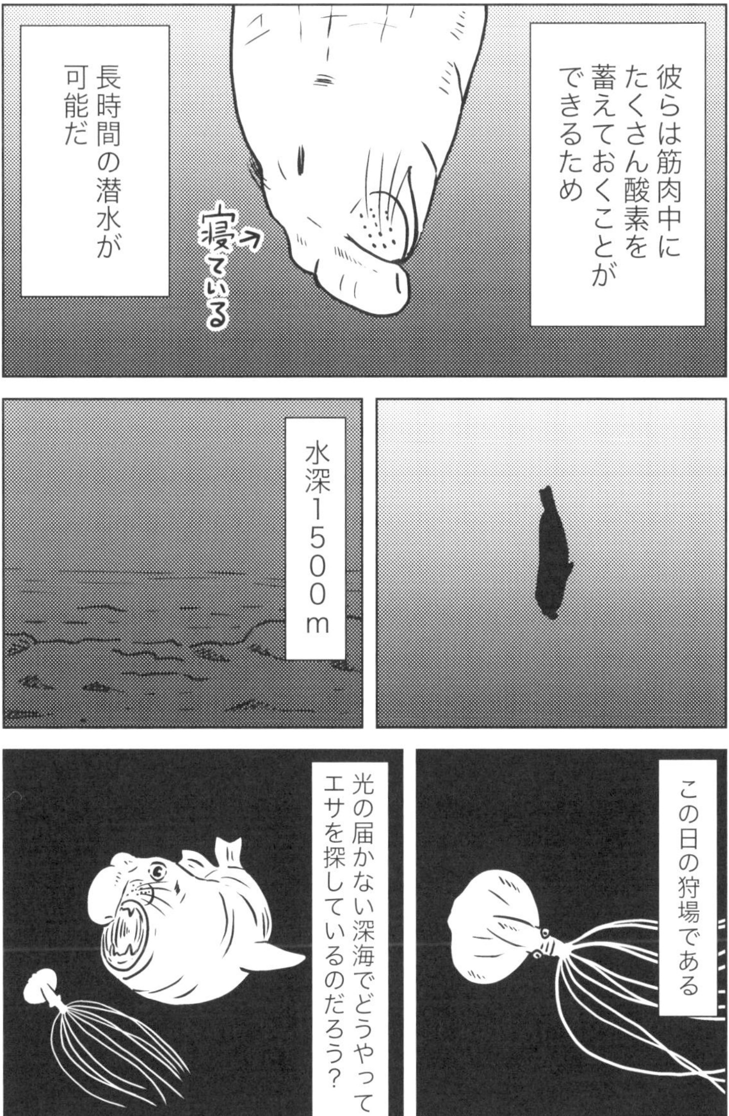
彼らは筋肉中にたくさん酸素を蓄えておくことができるため
長時間の潜水が可能だ
寝ている
水深1500m
この日の狩場である
光の届かない深海でどうやってエサを探しているのだろう?

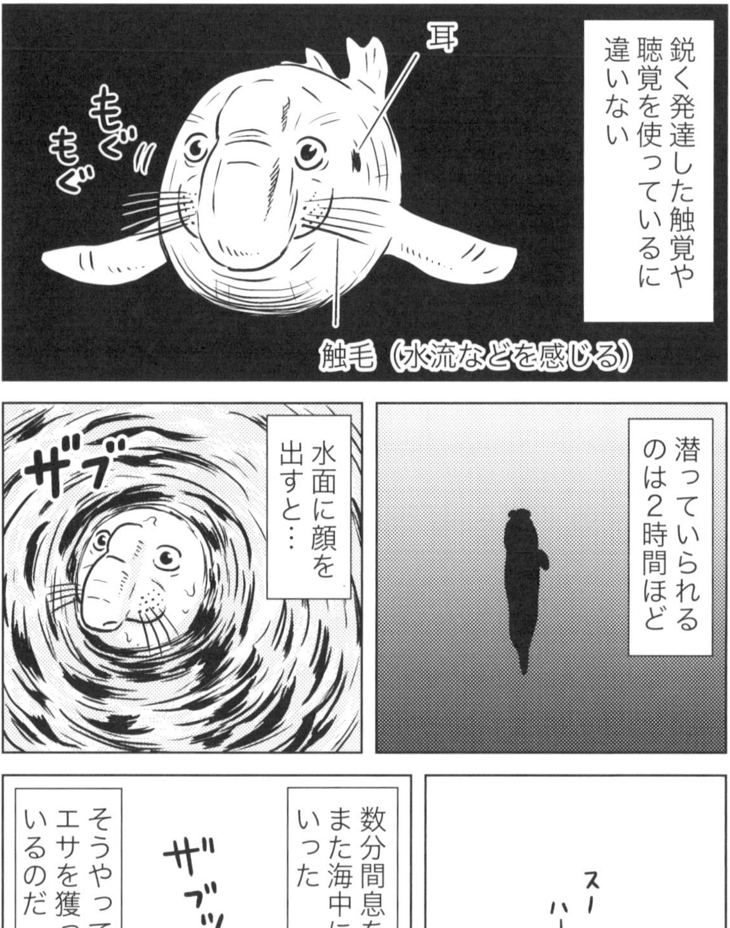
鋭く発達した触覚や
聴覚を使っているに
違いない
耳
もぐもぐ
触毛（水流などを感じる）
潜っていられる
のは2時間ほど
水面に顔を
出すと…
ザブ
スー
ハー
数分間息を整えてから
また海中に沈んで
いった
ザブッ
そうやって繰り返し
エサを獲って
いるのだ

早春（8月）
冬の間に栄養を蓄えたミナミゾウアザラシが繁殖のため陸地に集まってきた
昨年妊娠した子を出産するメス
一方メスよりはるかに体の大きなオスは…
ザザーン
メス
オス
ザザーン

ヨワ蔵
俺は今年ビーチマスターになる
え?
ビーチマスター?
ハーレムの主だよ
ビーチマスターだけがすべてのメスを抱え他のオスは交尾もできないのだ
知ってるよ
他のオスと戦って一番強い奴がビーチマスターになるんだろ?
自信あんのかツヨ蔵
ケガは覚悟してるけどさ
俺は思うんだよねオスとして生まれたからには…
ビーチマスター目指さなくてどうすんの?って

ビーチマスターになったら幼なじみのミナミちゃんもハーレムに加わるんだからな
ああいいよなミナミちゃん
ミナミちゃん
悪いけどお前もやっつけるかもよヨワ蔵
いや俺戦わねーから
子孫残せないよ?
いやぁ
やっぱ怖いよケンカは
おっ
えっ?

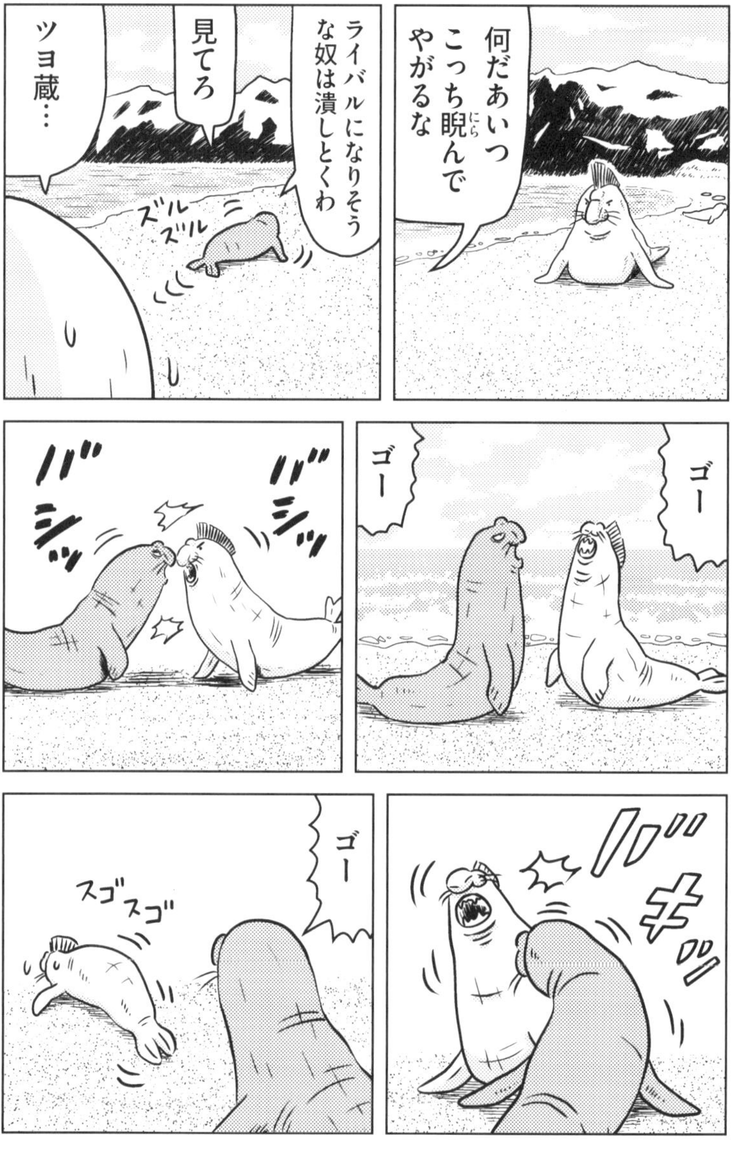
何だあいつ
こっち睨《にら》んで
やがるな
ライバルになりそう
な奴は潰しとくわ
見てろ
ツヨ蔵…
ズルズル
ゴー
ゴー
バシッ
バシッ
バキッ
ゴー
スゴスゴ

おお…
ツヨ蔵…
きゃあ〜強〜い
あのひとかっこいい〜
ビーチマスターになるんじゃないかしらあのひと
ちょっと話しかけてこよ!
きゃあ
きゃあ
かっこいいか?
粗暴なだけじゃねーか

まあいいや
ズルズル
俺は別のやり方でメスを探すもんね
おっ？
メス
子供
あのー…

ああ
逃げられちゃったよ
ズルズル
やっぱり
ビーチマスターじゃないと
子孫を残せないのか
いやそんな
ことはないと
思いたい
ペタ
ペタ
俺はツヨ蔵のように
強くはないのだ…
ズルズル

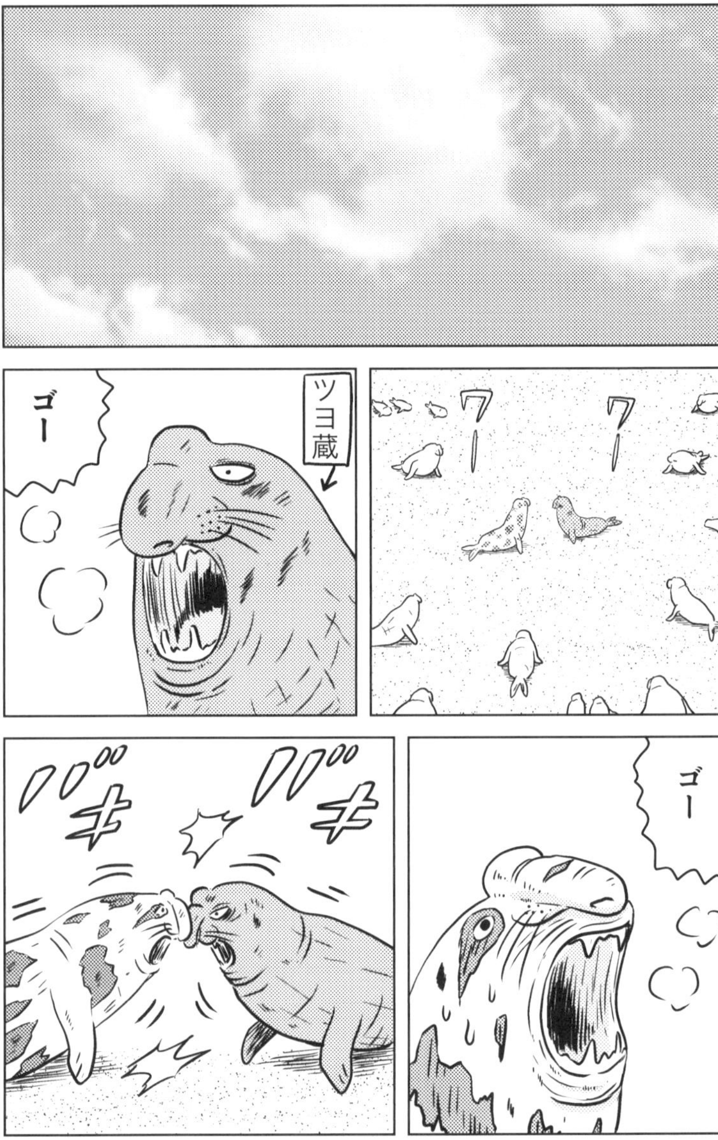
ワー
ワー
ツヨ蔵
ゴー
ゴー
ギ
ギ

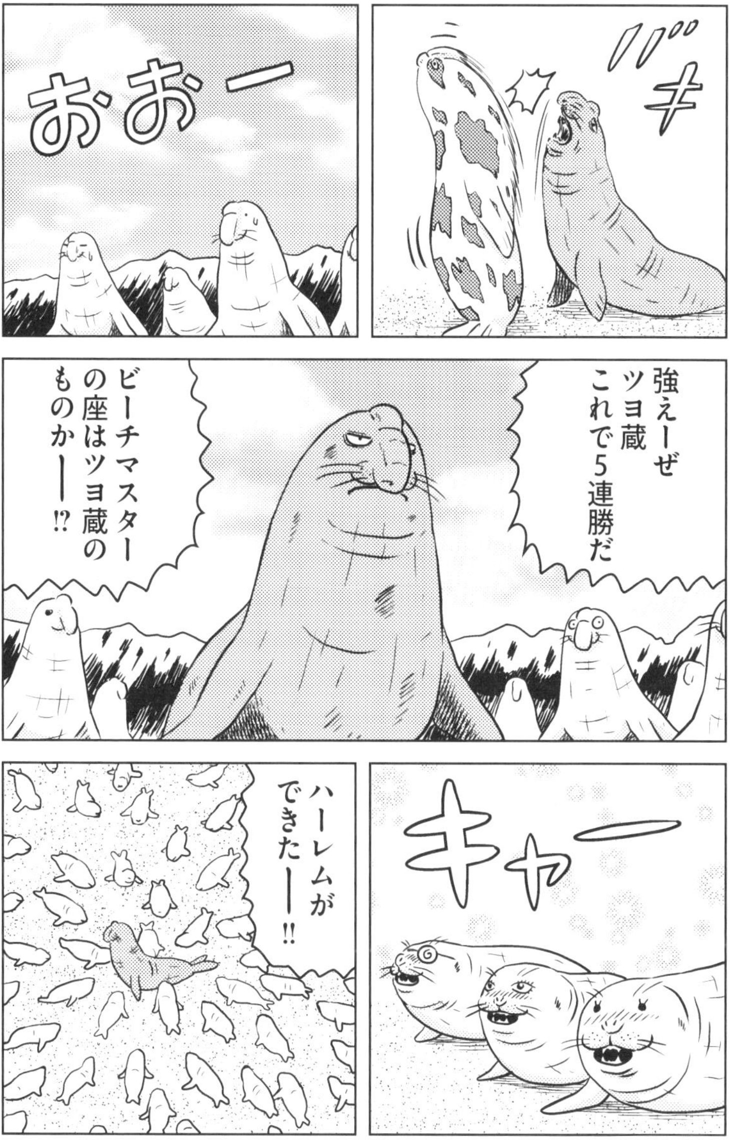
バギ
おおー
強えーぜ
ツヨ蔵
これで5連勝だ
ビーチマスターの座はツヨ蔵のものかー⁉
キャー
ハーレムができたー‼

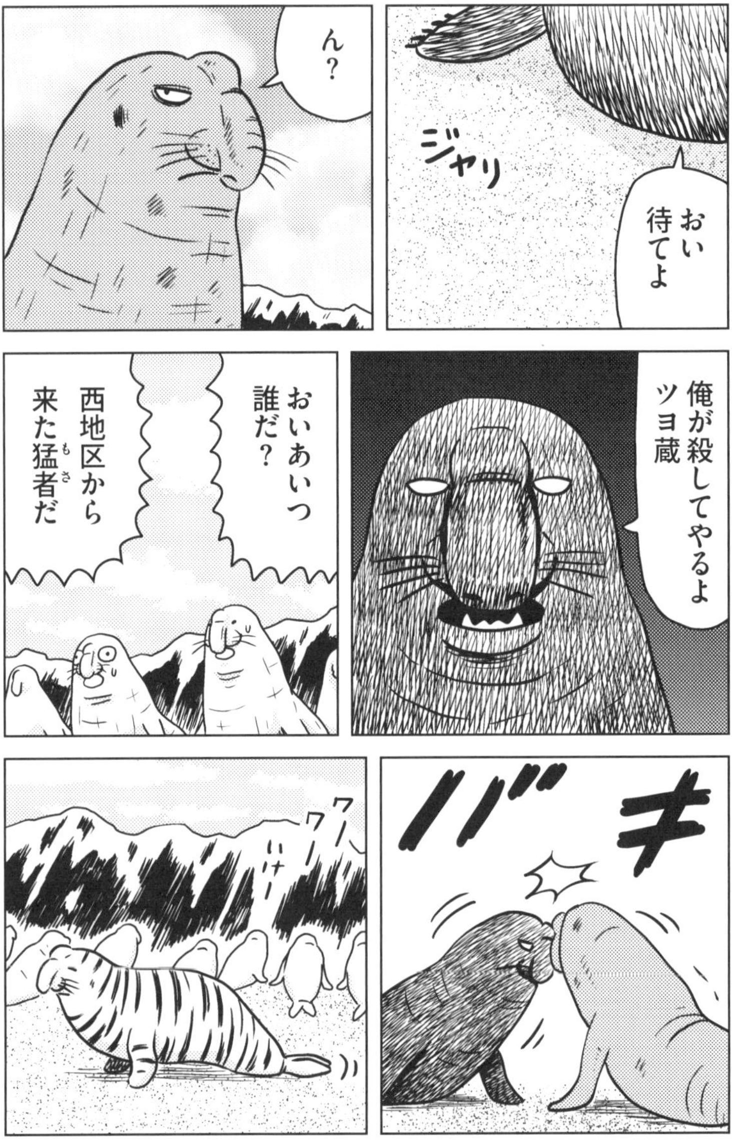
ジャリ
おい 待てよ
ん?
俺が殺してやるよ ツヨ蔵
おいあいつ 誰だ?
西地区から 来た猛者《もさ》だ
バキ
ワーワー
いけー

……
おねえさん
え?
すぐそこにきれいな夕日が見られる場所があるんだけど行かない?
えっ夕日?
いいわよ
ズルズル
バカどもが戦ってる間に早く行こう

ん?
あっ　あいつら逢い引きしてやがる
ツヨ蔵が戦ってるスキをねらったか
よし俺もあれをやるか
ツヨ蔵にバレたら殺されるけど
バギ
ツヨ蔵が勝ったー!!
おおー
ビーチマスターはツヨ蔵だー!!

話があるんだ ミナミちゃん
話？
何よヨワ蔵 あらたまって
あ うん
大したことじゃ ないいんだけど
大したことじゃ ないなら 行ってもいい？
ちょっと 待ってよ ミナミちゃん

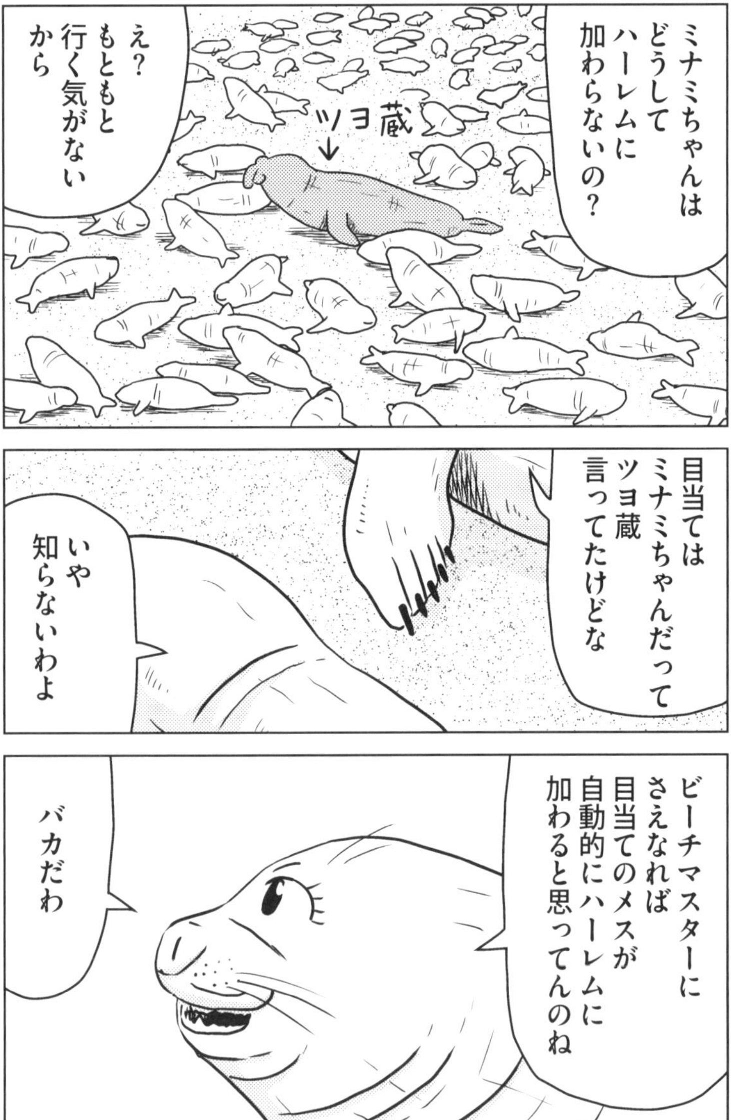
ミナミちゃんはどうしてハーレムに加わらないの？
ツヨ蔵
え？もともと行く気がないから
目当てはミナミちゃんだってツヨ蔵言ってたけどな
いや知らないわよ
ビーチマスターにさえなれば目当てのメスが自動的にハーレムに加わると思ってんのね
バカだわ

じゃあ俺と付き合ってよ
話ってそれ？
いいわよ
……
えっ？
ツヨ蔵にバレたらふたりとも殺されるけどね
……
おっミナミちゃん
ハロー
はぁいチャラ蔵

まあ　みんなやってるけどね不倫なんて
知ってると思うけど
うん
知ってるけど
いざとなったらビビってんの？ツヨ蔵に
少しは
ビーチマスターじゃないと子孫を残せないなんてルールは破ってしまえばいいだけのことよ
わかってるけど

何よ 煮え切らないわね
ズルズル
他にもオスはいるのよ
ミナミちゃん…
何よ
待ってくれ
次にツヨ蔵が誰かにケンカ売られたら
そのスキに逃げよう
いいわ

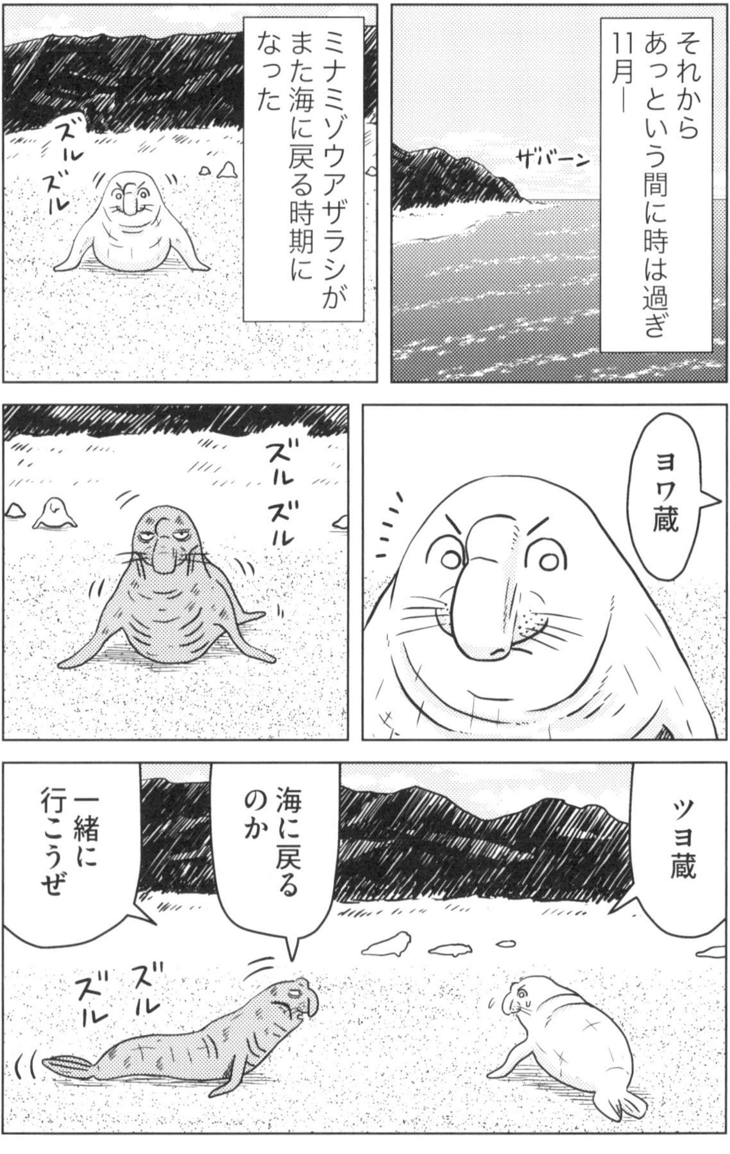
それから
あっという間に時は過ぎ
11月―
ザバーン
ミナミゾウアザラシが
また海に戻る時期に
なった
ズルズル
ヨワ蔵
ズル ズル
ツヨ蔵
海に戻る
のか
一緒に
行こうぜ
ズルズル

お前
やつれたなぁ…
ツヨ蔵
ああ…
戦いと交尾に
明け暮れたからな
充実した日々
だったけど
満足したか？
ザブ
ザブ
ミナミちゃんが
ハーレムに来てくれ
なかったのが残念だ
他にオスでも
いたのか……
あっ…
ギク
そうなの
……

まあ楽しかったからいいけど
そうか
腹減ったから潜ってエサ獲ってくるわ
お前大丈夫かツヨ蔵
大丈夫だよ
ゴボ…
体力の限界だったのだろう
彼が再び浮かび上がってくることはなかった
次の8月

ミナミゾウアザラシは
また陸地に集まっていた
ズルズル
あっ
ミナミちゃん…
んっ？

何だ
新しいオスか
ズル
ズル
まあいっかー
ミナミちゃんとは
付き合えたから
バシ
バシ
おー
やってるなー
バシ
バシ
あいつら何で
命がけで
戦ってんのかな
戦うことが
オスのロマンなのか…
それにしても
どっかにかわいい
メスいないかな
近年の研究によると
ビーチマスター以外の
遺伝子を持つ子供が
けっこう生まれる
という

解説3 ハーレムはうらやましいか？

ミナミゾウアザラシはネコ目アザラシ科ゾウアザラシ属に属する、水陸両棲《りょうせい》の哺乳《ほにゅう》類で、亜南極圏の島々に棲息する。近縁のキタゾウアザラシは北米の太平洋岸に棲息し、どちらの種も繁殖期にハーレムを形成し、ビーチマスター（ハーレムの主）の座を争ってオスは死闘を繰り広げる。

オスメスの体格差は大きく、体重で見るとオスは2200～4000キロで、メスは400～900キロ。オスの方が極端に大きい。**大きいオスほど子孫を残す確率が高くなるので、一夫多妻の傾向が強い種ほど、オスメスの体格差が開く。**人間もオスの方が多少大きいので、自然史的には、わずかに一夫多妻の傾向がみられることになる。

繁殖期の春の3カ月と、夏から秋にかけての毛の生え変わりの時期は陸で暮らすが、それ以外は海洋で暮らし、陸に上がってくることはない。

潜水が得意で1500メートルの海底まで潜ってエサを獲《と》る。息を吐き出し体を重くして重力に任せて潜る。筋肉の中のミオグロビンや脾臓《ひぞう》に酸素をたくさん貯めておけるので、**2時間くらいは息継ぎをしなくとも平気**である。潜っているときに眠っているらしい。

ミナミゾウアザラシの天敵はシャチとホホジロザメであるが、狙うのはもっぱら子供やメスで、大きなオスを攻撃することはめったにない。

繁殖期になると、メスがまず上陸して前年に妊娠した子供を産む。3週間くらいの子育てを終えると、再び交尾をする。ビーチマスターと呼ばれる最強のオスを中心にハーレムを作るが、ハーレムの大きさはメスが数十頭から1000頭までとさまざまである。

ビーチマスターはハーレムのメスたちとの交尾権を持ち、子孫をたくさん残すことができるが、その地位を手に入れるためにはたくさんのライバルたちとの戦いに勝利する必要がある。戦いは激しく、ときに命を落とす。

オスは12歳くらいまではビーチマスターになることはなく、13～14歳でビーチマスター争いに参戦する。**首尾よく栄冠を勝ち得たオスは、エサも獲らず交尾と戦いに明け暮れ、体重は半減し、海に戻ってもその年のうちに息絶えるものが多いという**。あぶれたオスもビーチマスターの目を盗んで交尾をすれば、子孫を残すことができる。

命を懸けて数百頭の子孫を残すか、命を懸けずに数頭の子孫で我慢《がまん》するか。私なら後者を選ぶけどね。

4 可愛いけれど策略家

カクレクマノミ

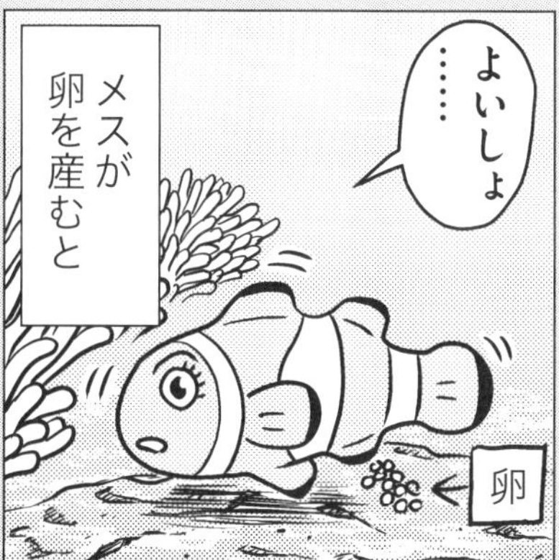

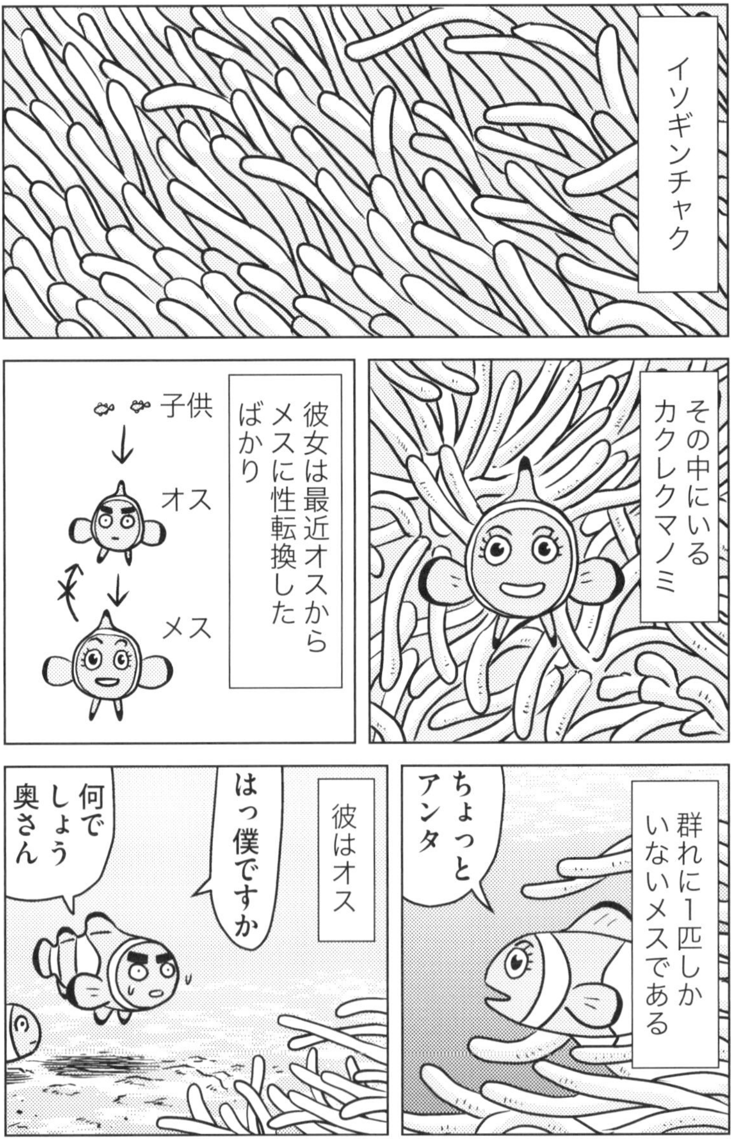

イソギンチャク
その中にいるカクレクマノミ
彼女は最近オスからメスに性転換したばかり
子供
オス
メス
群れに1匹しかいないメスである
ちょっとアンタ
彼はオス
はっ僕ですか
何でしょう奥さん

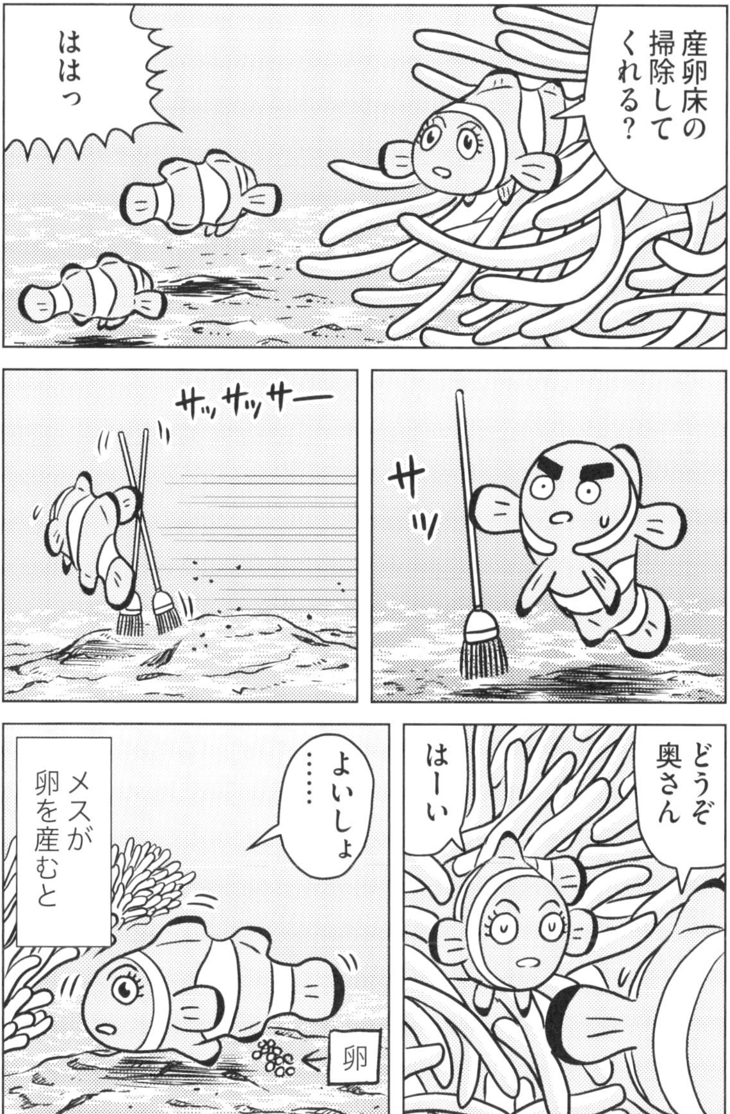
産卵床の掃除してくれる？
ははっ
サッサッサー
サッ
どうぞ奥さん
はーい
よいしょ……
メスが卵を産むと
卵

オスがそこに精子をかける
精子
これをしばらく繰り返す
よいしょ
じゃ 世話よろしく
はっ お任せください 奥さん
パタパタ
……

子供が
産まれたようだ
パパー
何だい
タロー
僕ちょっと
外に
行ってくるよ
だめだよ
イソギンチャクさん
の中にいなくちゃ
いけないよ

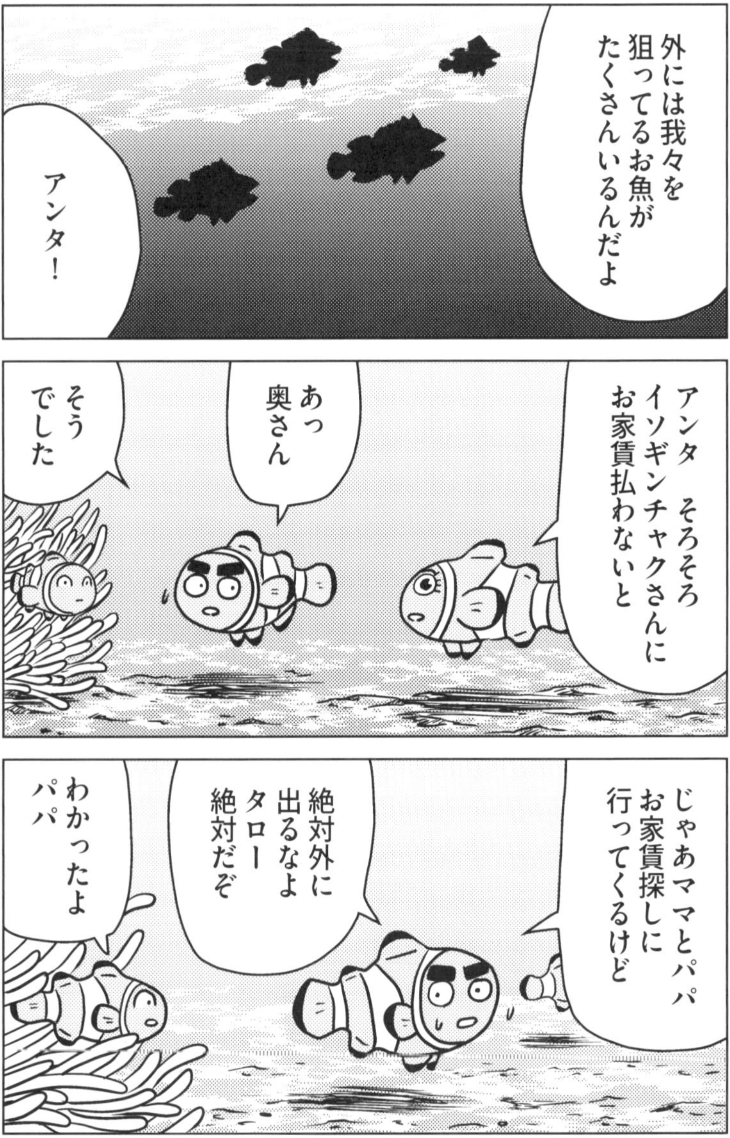
外には我々を狙ってるお魚がたくさんいるんだよ
アンタ！
アンタ　そろそろイソギンチャクさんにお家賃払わないと
あっ奥さん
そうでした
じゃあママとパパお家賃探しに行ってくるけど
絶対外に出るなよタロー絶対だぞ
わかったよパパ

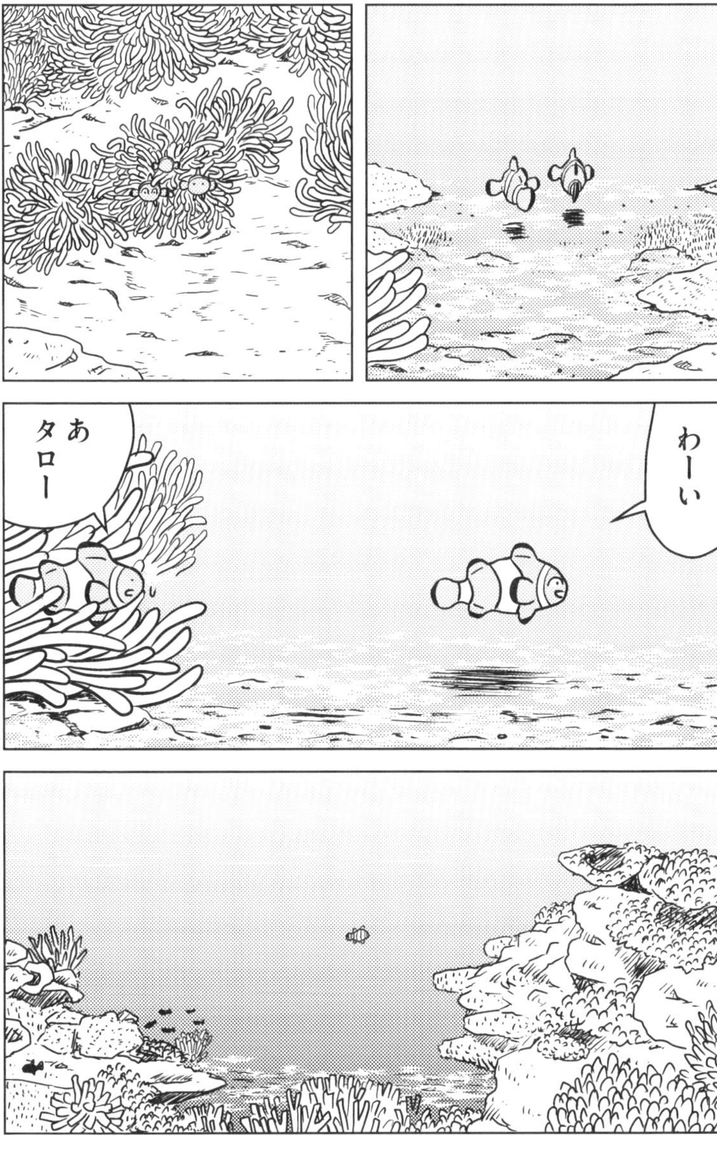
わーい
あタロー

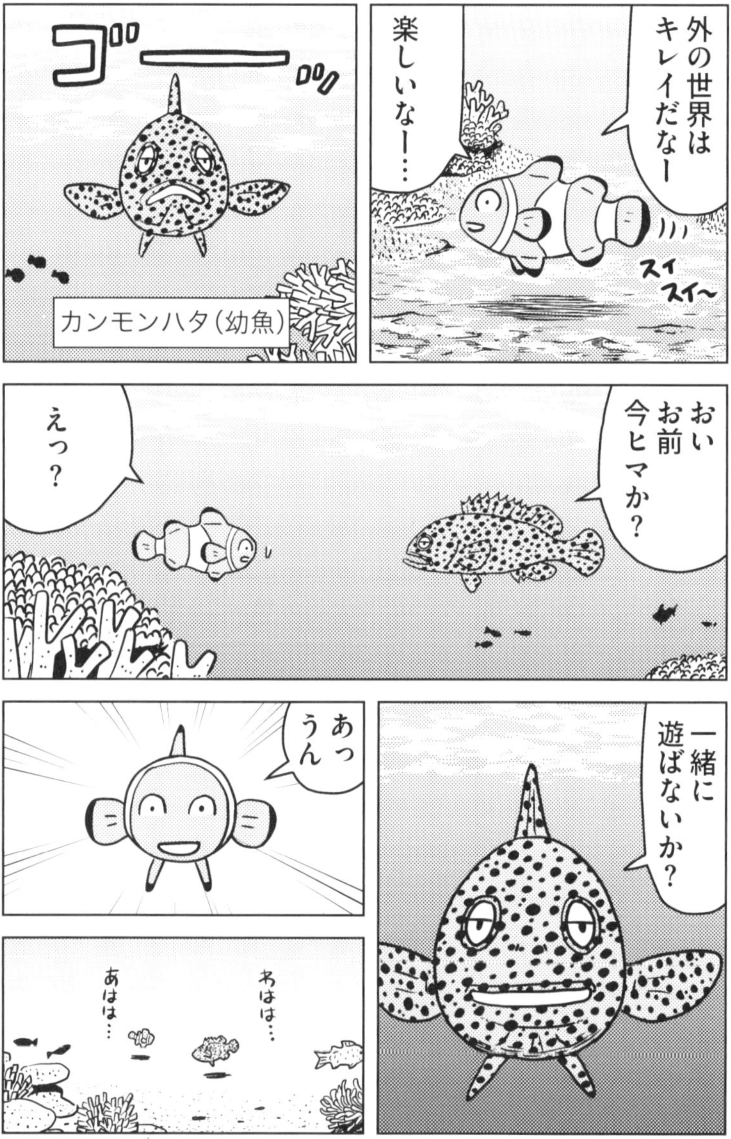
外の世界はキレイだなー
楽しいなー…
スイスイ～
ゴーーーーン
カンモンハタ（幼魚）
おいお前今ヒマか？
えっ？
一緒に遊ばないか？
あっうん
わはは…
あはは…

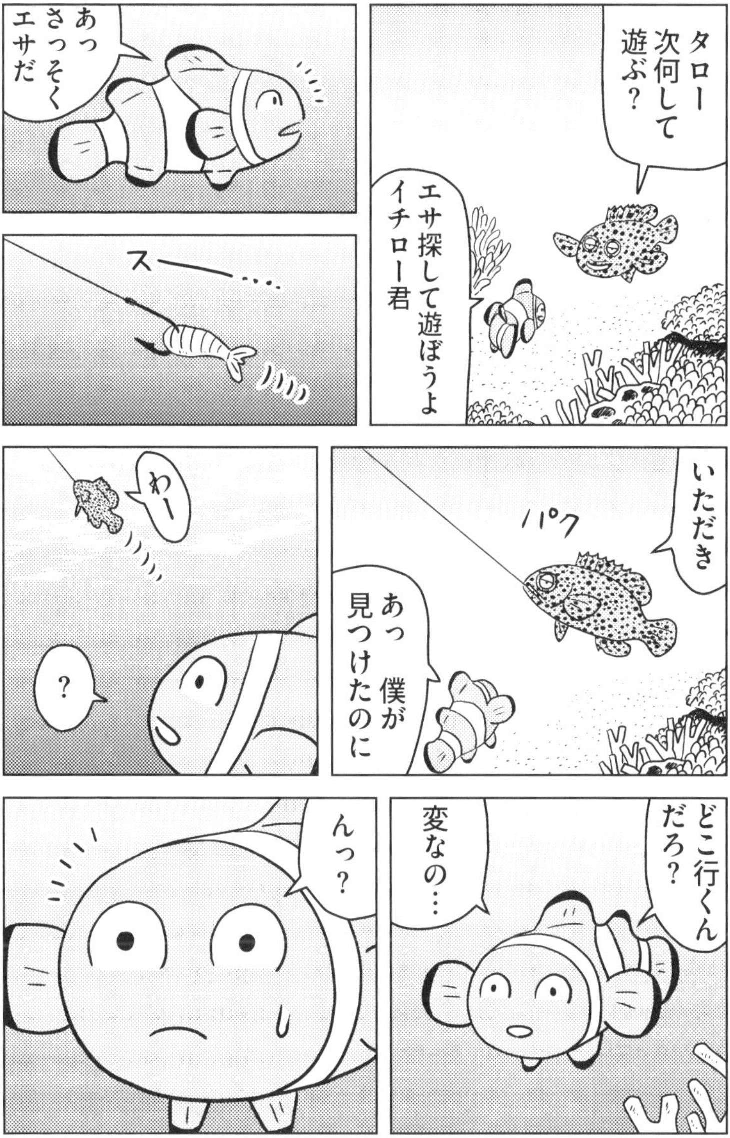
タロー 次何して遊ぶ？
エサ探して遊ぼうよ イチロー君
あっ さっそく エサだ
スー……
いただき
パク
あっ 僕が見つけたのに
わー
？
どこ行くんだろ？
変なの…
んっ？

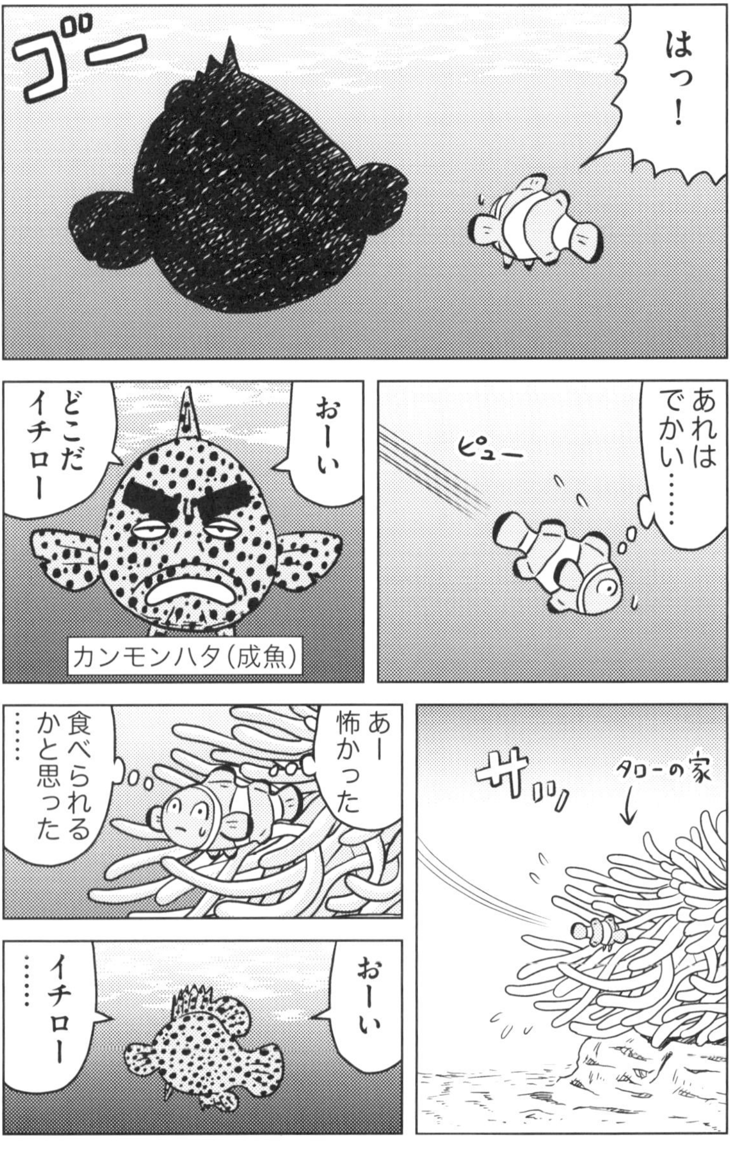
ゴー
はっ！
あれはでかい……
ピュー
おーい
どこだイチロー
カンモンハタ(成魚)
サッ
タローの家
あー怖かった
食べられるかと思った……
おーい
イチロー……

キョロ
キョロ
アンタお家賃ないわねー
そうですね奥さん
その頃 地上では釣り人がイチローをリリースしていた
ちっちぇー
ポイ
ゴポ ゴポ
イチロー

ん？
底に沈んだ イチロー
アンタ あれ……
え？
ちょっと そこの カンモン ハタ君…

ひどいケガね
何があったの？
えっ？
タロー？
……の仲間か
いや別にどうってことねえ 大丈夫だ
そうは見えないけど……
どーします？奥さん
しょうがないわね
うちにいらっしゃい かくまってあげるわ
いや いい オヤジが俺を捜してるはずだから
そうはいってもここじゃ危ないわ
いらっしゃい
タローいるかな……

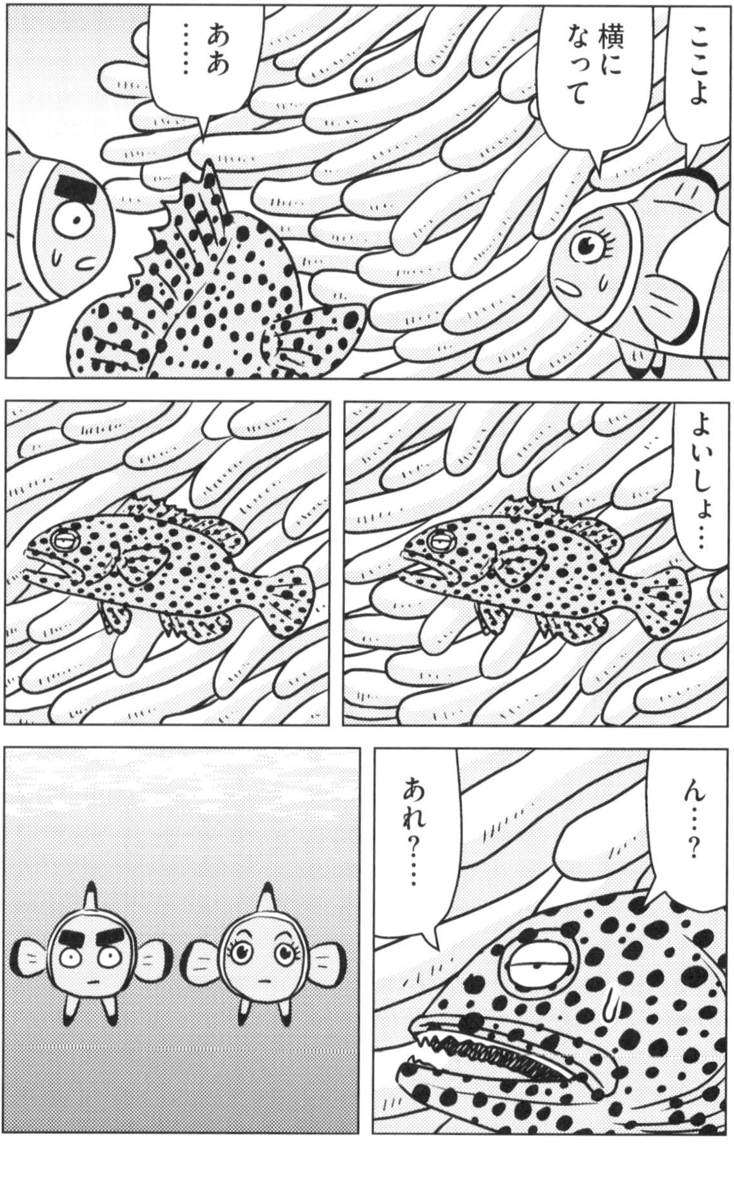
ここよ
横になって
ああ……
よいしょ…
ん…？
あれ？…

何だ？
体が痺《しび》れて動けねえ…
イソギンチャクの毒である
はっ!!
ブワアア
取り込まれる……!!
こいつ……!!
まさか…

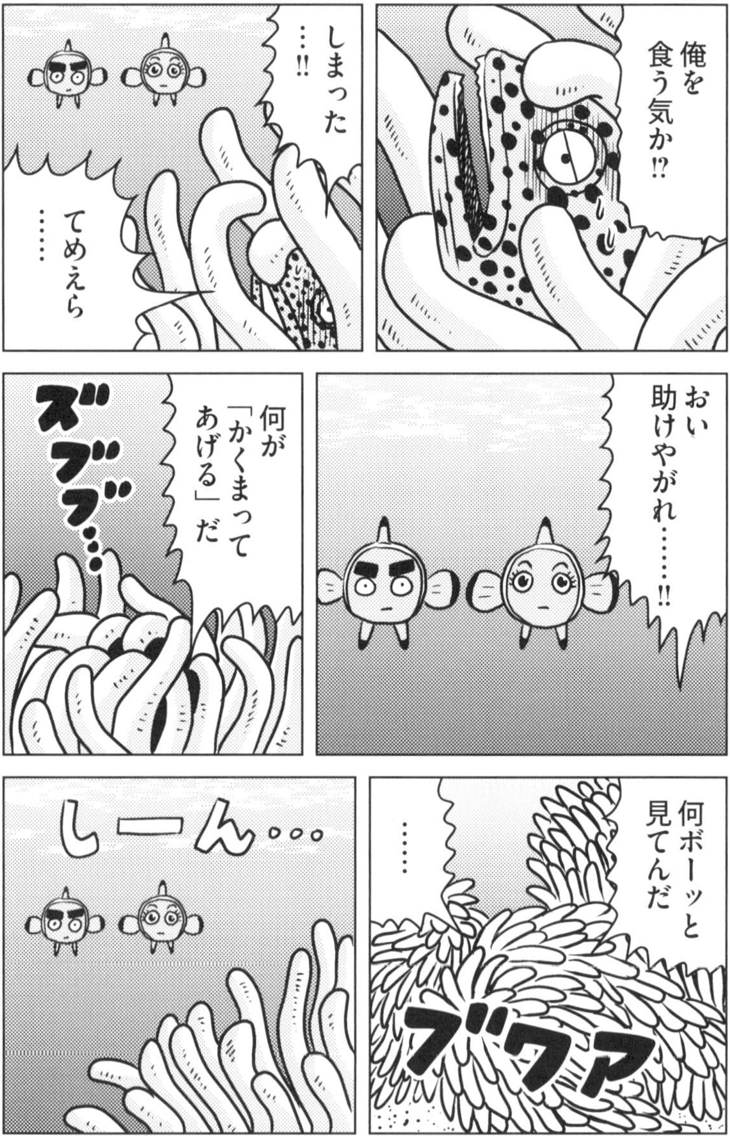
俺を食う気か!?
しまった…!!
てめえら……
おい
助けやがれ……!!
何が「かくまってあげる」だ
ズブブ…
何ボーッと見てんだ
……
ブワア
しーん…

イソギンチャクさん
「お家賃」美味しかったかしら
美味しかったんじゃないすか
タロー
ごめんイチロー君逃がしてあげられなくて……
ウチは「お家賃」払わないといけないんだ
お　イソギンチャクさんのおこぼれだ
タロー食べなさい
い　今ちょっとおなか減ってないから……
「共利共生」

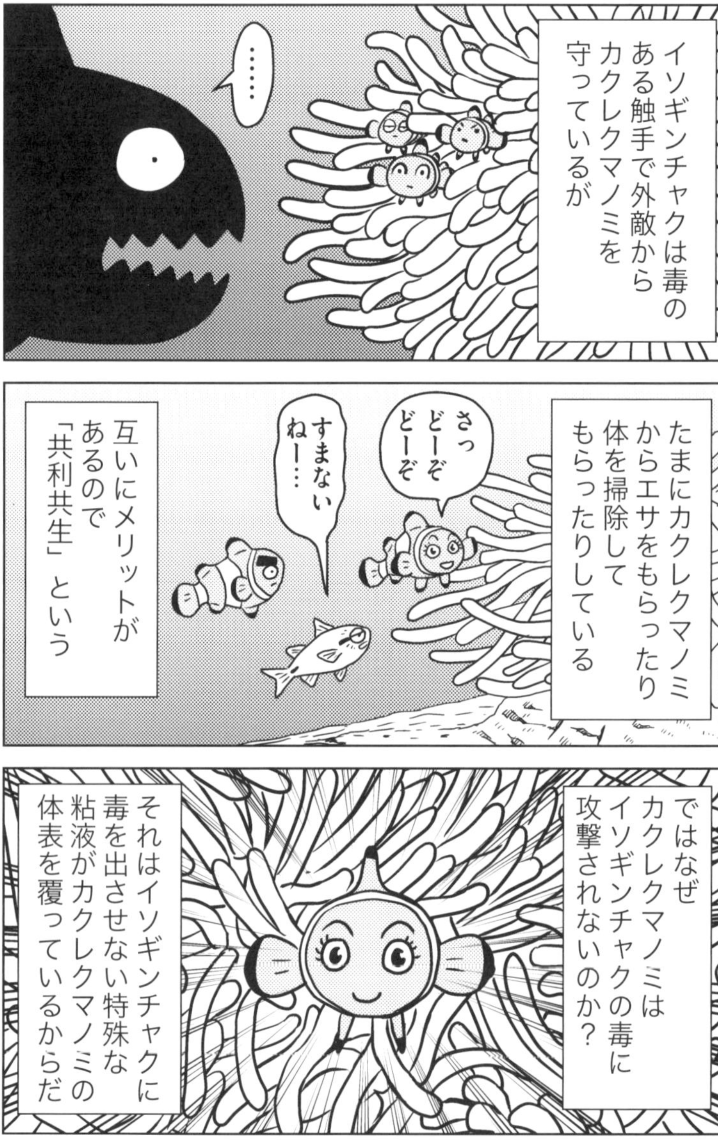
イソギンチャクは毒のある触手で外敵からカクレクマノミを守っているが
……
たまにカクレクマノミからエサをもらったり体を掃除してもらったりしている
さっ どーぞ どーぞ
すまない ねー…
互いにメリットがあるので「共利共生」という
ではなぜカクレクマノミはイソギンチャクの毒に攻撃されないのか？
それはイソギンチャクに毒を出させない特殊な粘液がカクレクマノミの体表を覆っているからだ

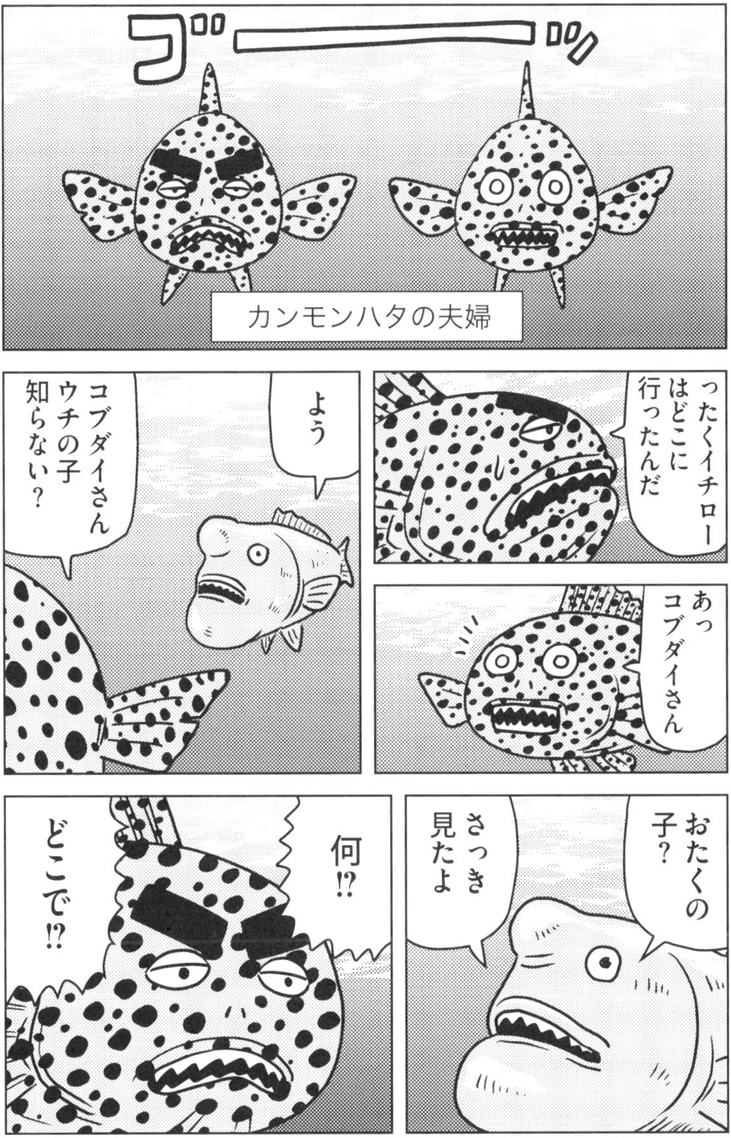
ゴーッ
カンモンハタの夫婦
ったくイチローはどこに行ったんだ
あっコブダイさん
よう
コブダイさんウチの子知らない？
おたくの子？
さっき見たよ
何⁉
どこで⁉

翌日
あれ？
子供たち タローは？
知らなーい
アンタ タローが いないわ
ええ？
タローはウチの子の中でも好奇心が強いから……
その辺ウロウロしてなきゃいいんだけど…

タローっていうのはこいつか？
!?
ママー!!
タロー!!
こいつだけイソギンチャクの外でウロウロしてたから
捕まえた
タローを放せ!!

放してやってもいいけど
俺の質問に答えてからだ
何よ?
ウチのイチローを知らないか?
お前らが連れていったとコブダイは言ってたけどな
知らないわよ
ふーん…
おい
バク
痛!!

ギャアー!!
タロー!!
お前らの悪いウワサは聞いてんだ
イチローを知ってるな?
知ってるわよ!!
ケガしてた子でしょ
殺《や》ったのか…
タロー!!
私が攻撃するからそのスキに逃げなさい

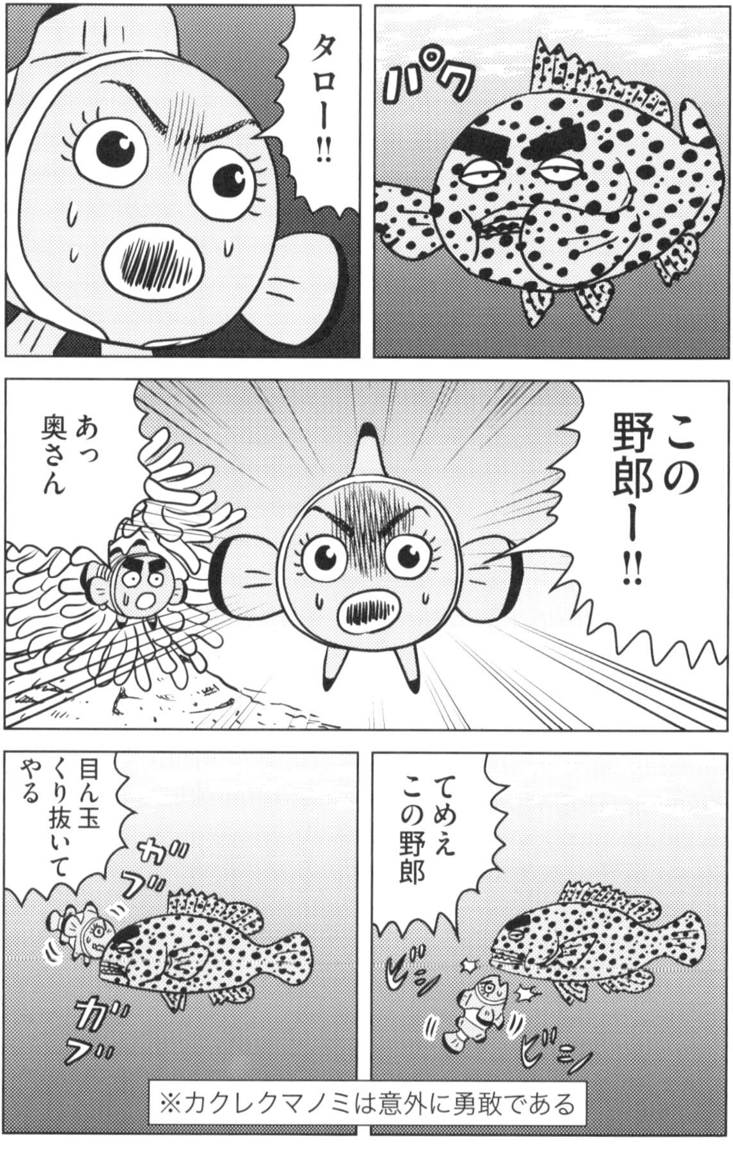
パク
タロー!!
この野郎ー!!
あっ奥さん
てめえこの野郎
ビシ
ビシ
目ん玉くり抜いてやる
ガブ
ガブ
※カクレクマノミは意外に勇敢である

郵便はがき

切手をお貼りください。

102-0071

東京都千代田区富士見一－二－十一
KAWADAフラッツ一階

さくら舎　行

住所	〒　都道府県			
フリガナ		年齢	歳	
氏名		性別	男	女
TEL	（　　）			
E-Mail				

さくら舎ウェブサイト　www.sakurasha.com

愛読者カード

ご購読ありがとうございました。今後の参考とさせていただきますので、ご協力をお願いいたします。また、新刊案内等をお送りさせていただくことがあります。

】本のタイトルをお書きください。

】この本を何でお知りになりましたか。
.書店で実物を見て　2.新聞広告（　　　　新聞）
.書評で（　　　）　4.図書館・図書室で　5.人にすすめられて
.インターネット　7.その他（　　　）

】お買い求めになった理由をお聞かせください。
.タイトルにひかれて　2.テーマやジャンルに興味があるので
.著者が好きだから　4.カバーデザインがよかったから
.その他（　　　）

】お買い求めの店名を教えてください。

】本書についてのご意見、ご感想をお聞かせください。

ご記入のご感想を、広告等、本のPRに使わせていただいてもよろしいですか。
□に✓をご記入ください。　□ 実名で可　□ 匿名で可　□ 不可

バク
スイスイ～…

メス亡きあと――…

群れではオス（「アンタ」と呼ばれていた個体）が性転換してメスになっていた
ちょっとアンタ
産卵床の掃除しといて
はっ
そうして群れは以前と同じ生活を取り戻していった
サッ
サッ
新しいメスは殺された先代の勇姿をいつまでも忘れない……のかどうかそれは知らない
……

解説4 オスがメスに性転換する熱帯魚

クマノミの仲間は太平洋とインド洋の暖海に棲息し、28種が知られ、そのうち6種が日本近海に棲息している。イソギンチャクと共生することで知られ、種ごとに共生するイソギンチャクの種が多少異なる。日本産の中で体長15センチと最も大型のクマノミはサンゴイソギンチャクなどの大型のイソギンチャクと、カクレクマノミは体長8センチと小型で、おもにハタゴイソギンチャクと共生する。

イソギンチャクの触手には毒を持つ刺胞《しほう》があるが、クマノミの幼魚は触手と触れ合ううちに耐性を獲得《かくとく》して、共生が可能になる。ほかの魚はイソギンチャクの毒を嫌うため、イソギンチャクの触手の間に入っていれば、襲われる危険は少ない。カクレクマノミはイソギンチャクへの依存度が高く、あまり遠くまで離れることはない。

熱帯魚の仲間は性転換するものが多く、たとえばホンソメワケベラは、一番大きな1頭のオスがハーレムを作って複数のメスを従えているが、オスが死ぬと一番大きなメスがすぐに性転換してオスになる。哺乳類のように**オスメスは遺伝的に決まっているわけでなく、エピジェネティック（後天的）に決まる**のである。

クマノミの仲間は、生まれたときはオスでもメスでもない未熟個体だ。イソギンチャクの中に一緒に棲《す》んでいる群れは、ペアのオスメスと未熟個体で構成されている。**メスは群れの中で一番体が大きく、**メスが死ぬとオスがメスになり、次いで一番大きな未熟個体がオスになる。**メスが一番威張っていて、他の個体はメスに服従している。**体を少し曲げて、後ろ向きになって尾の方からメスに近づくのが服従姿勢である。

群れは必ずしもペアとペアの子供だけで構成されているわけでなく、勝手に住みついている居候《いそうろう》も交じっている。メスのお腹が大きくなるとオスは産卵床をきれいにして、メスが卵を産むとすかさず放精し、卵に新鮮な海水を送るなどして面倒をみる。**子育てはもっぱらオスの仕事**なのだ。

クマノミはおもに動物プランクトンや藻《そう》類を食べるが、イソギンチャクが捕らえた魚のおこぼれを食べることもある。弱った魚を触手に近づけてイソギンチャクに食べさせたりもする。小さなわりにきわめて攻撃的で、チョウチョウウオなどのイソギンチャクの捕食者を追い払うこともある。

5 強さがアダとなる

ダンクルオステウス

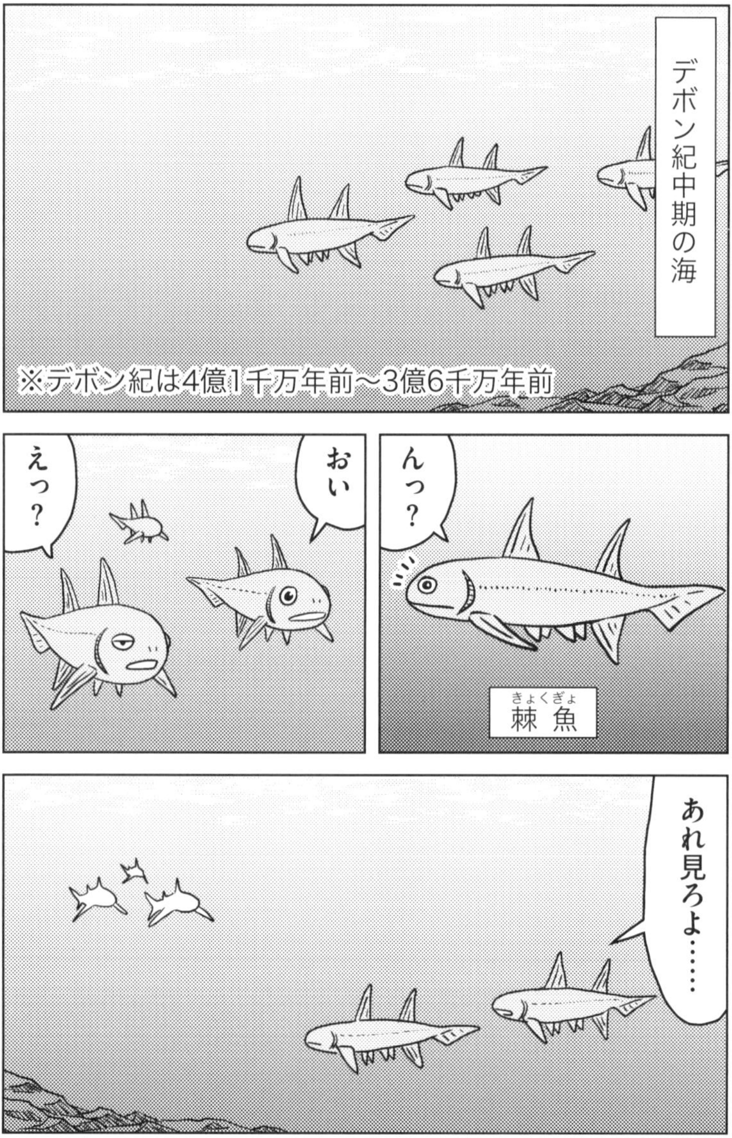
デボン紀中期の海
※デボン紀は4億1千万年前～3億6千万年前
んっ？
棘魚《きょくぎょ》
おい
えっ？
あれ見ろよ……

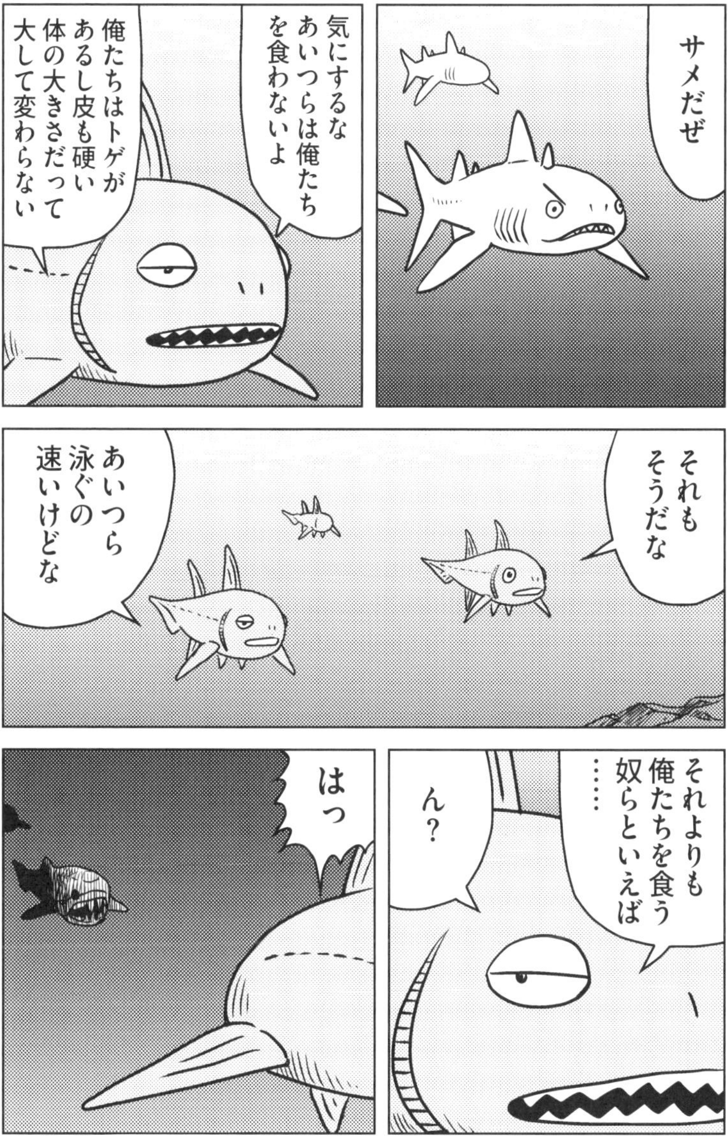
サメだぜ
気にするな
あいつらは俺たち
を食わないよ
俺たちはトゲが
あるし皮も硬い
体の大きさだって
大して変わらない
それも
そうだな
あいつら
泳ぐの
速いけどな
それよりも
俺たちを食う
奴らといえば
……
ん？
はっ

ゴー

出たー!!
ダンクルオステウスだー!!
ぎゃあー
バキキ
ひいいいい
うわー
ぎゃあ
バキバキ
ぐえ
ボリリ

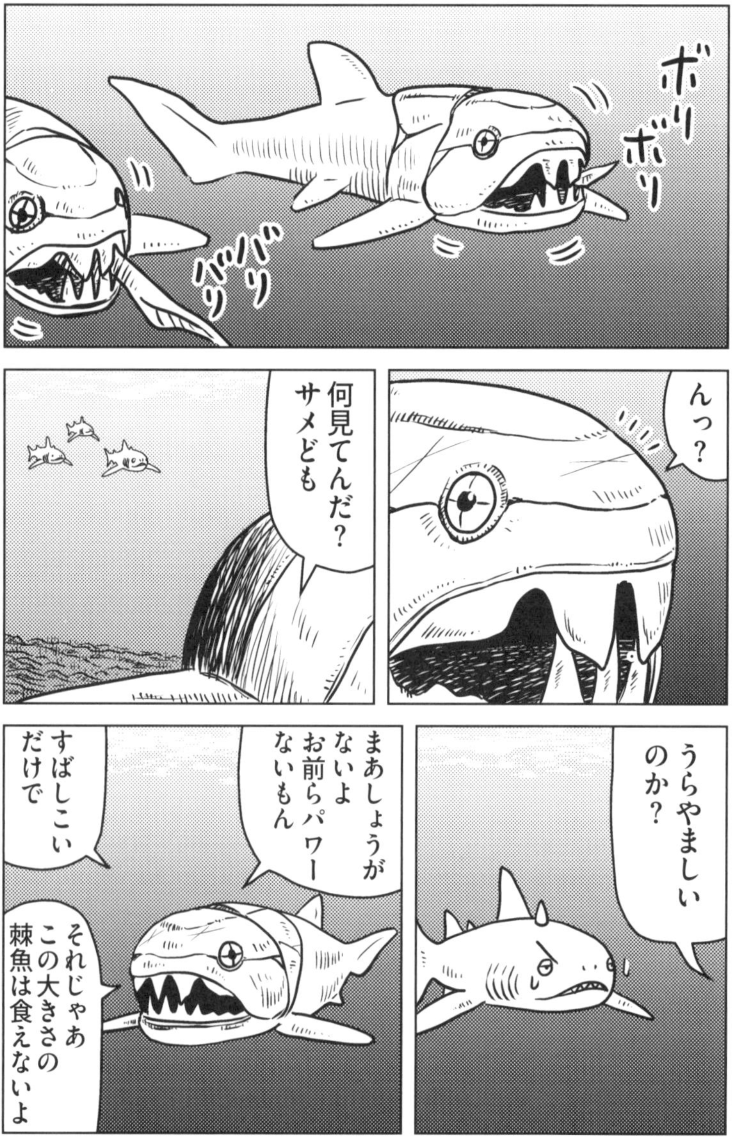
ボリボリ
バリバリ
んっ？
何見てんだ？サメども
うらやましいのか？
まあしょうがないよ お前らパワーないもん
すばしこいだけで
それじゃあこの大きさの棘魚は食えないよ

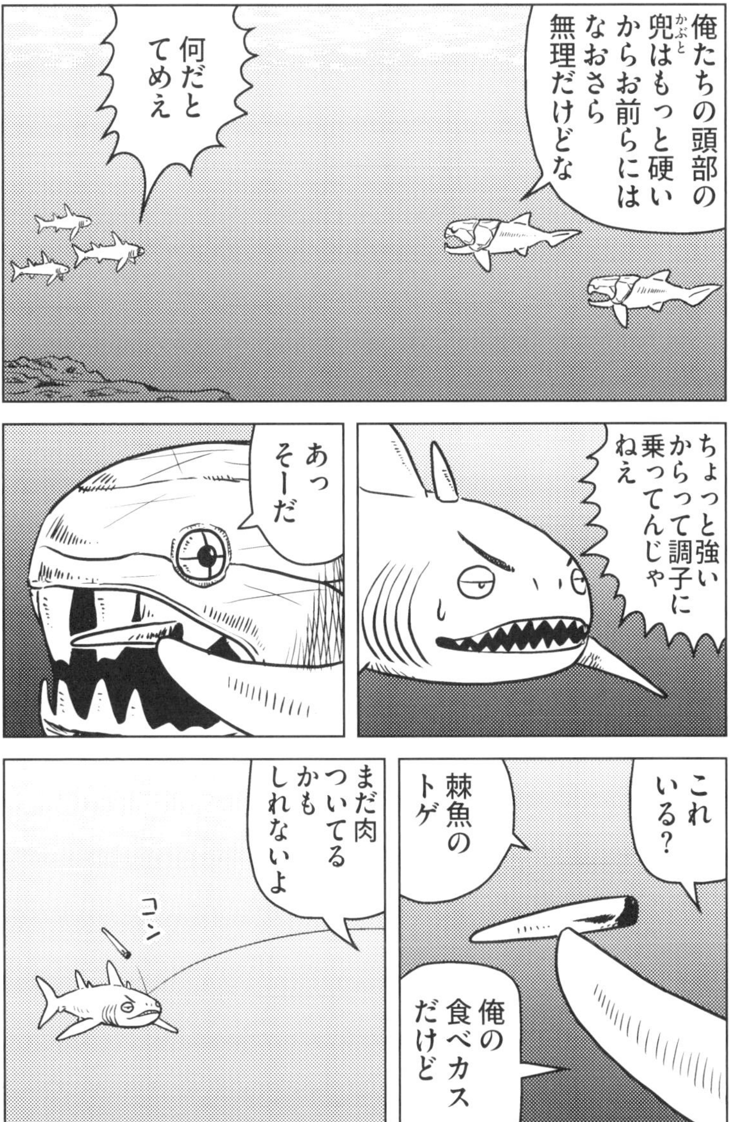
俺たちの頭部の兜《かぶと》はもっと硬いからお前らにはなおさら無理だけどな
何だとてめえ
ちょっと強いからって調子に乗ってんじゃねえ
あっ そーだ
これいる？
棘魚のトゲ
俺の食べカスだけど
まだ肉ついてるかもしれないよ
コン

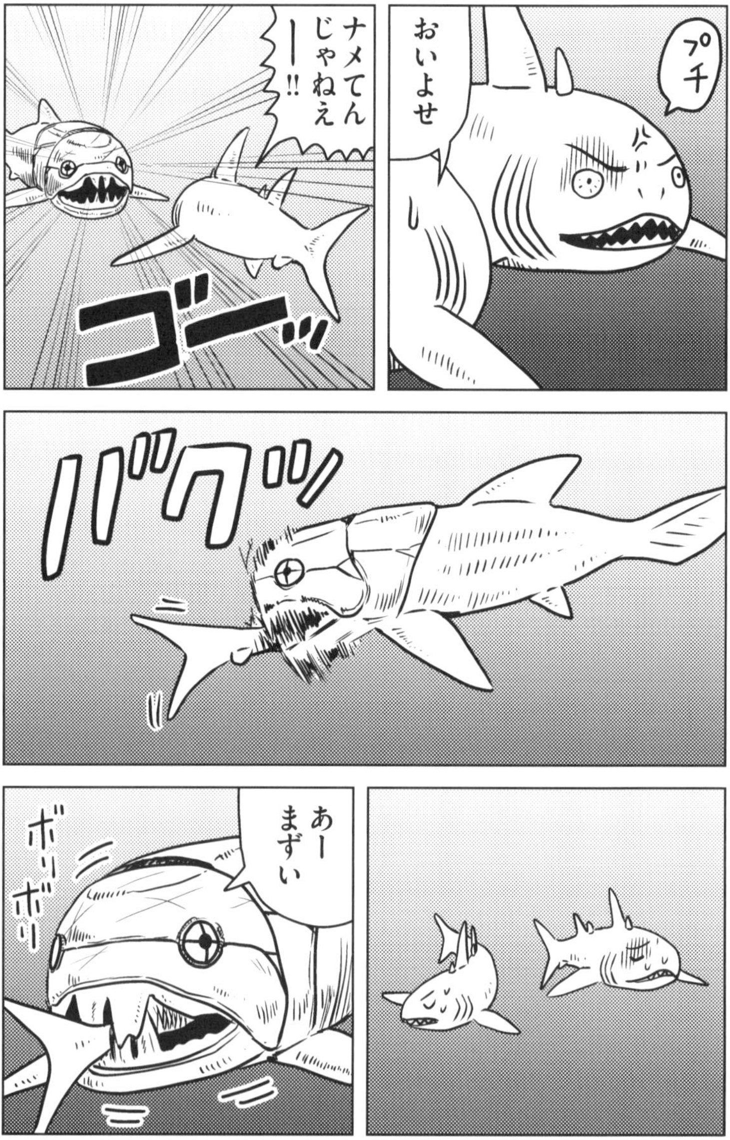

プチ
おいよせ
ナメてんじゃねえーー!!
ゴーッ
バクッ
あーまずい
ボリボリ

サメ初めて食ったけどまずいな
ペッ
ダンクルオステウスよ……
え？
今はでかい顔できているかもしれないが……
そのうちお前らは必ず時代遅れになるぞ
俺たちはお前らの欠点を知ってる
……
何だよ？欠点って
サメの予言は的中した

長い時間が過ぎ……
デボン紀は終わりに近づいていた
ダンクルオステウスは個体数を大きく減らしていた
ダンクルオステウスのつがい
ダーリン 私 おなか空いた
お魚 食べたい
俺もだ ハニー
腹減った

ダーリン知ってる?言い伝えによると
大昔はお魚ノロノロ泳いでて捕まえ放題だったんだって
そうか小魚は泳ぐの速くなったわけだな
あっでもあれなら食えるぜ
えっ?
弱ったサメだ
ちっちゃいけどな
捕ってくる
サメなんて捕まえられっこないわよ
いただき
バク
スイ〜…

あっ　こら
スイスイ〜〜…
待てー
ちょっと
ダーリン…
なんかそのサメ
怪しいわよ
ゴーー

よく連れてきたチビ
どっか行ってろ
ピュー
よく来たなダンクルオステウス
サメども…

チビの演技につられただろ
腹空かせたお前らをからかって遊ぶのは楽しいぜ
待てよ　実はもう一匹腹空かせてるのを連れてきてるのさ
くる
こいつがお前を食いたいそうだ

何⁉
別のダンクルオステウス⁉
ダーリーン…
⁉
グオー
グオー
やめろ落ち着けサメは俺たちをケンカさせて遊んでんだ
腹減った…
お前を食う…

バクッ
ぎゃああーー!!
くそっ
ブチッ
ガブ
バキ
相討ちか…
すげえパワーだ
頭部を兜ごと噛《か》み砕《くだ》いたのか

俺は最強なんだ
……
お前らも
噛み砕いてやる…
頭部をすっぽり覆ったキバ付きの
重い兜のせいで速く泳げないだろ
お前たちを最強たらしめている
装備は同時に欠点でもあるのさ
………
おーい みんな
こいつら
食っちまおうぜ
うおー
ごちそう
だぜー
ダーリン…
やっぱりあの
チビザメは
サメどもの
罠だったんだわ
ワハハハ…

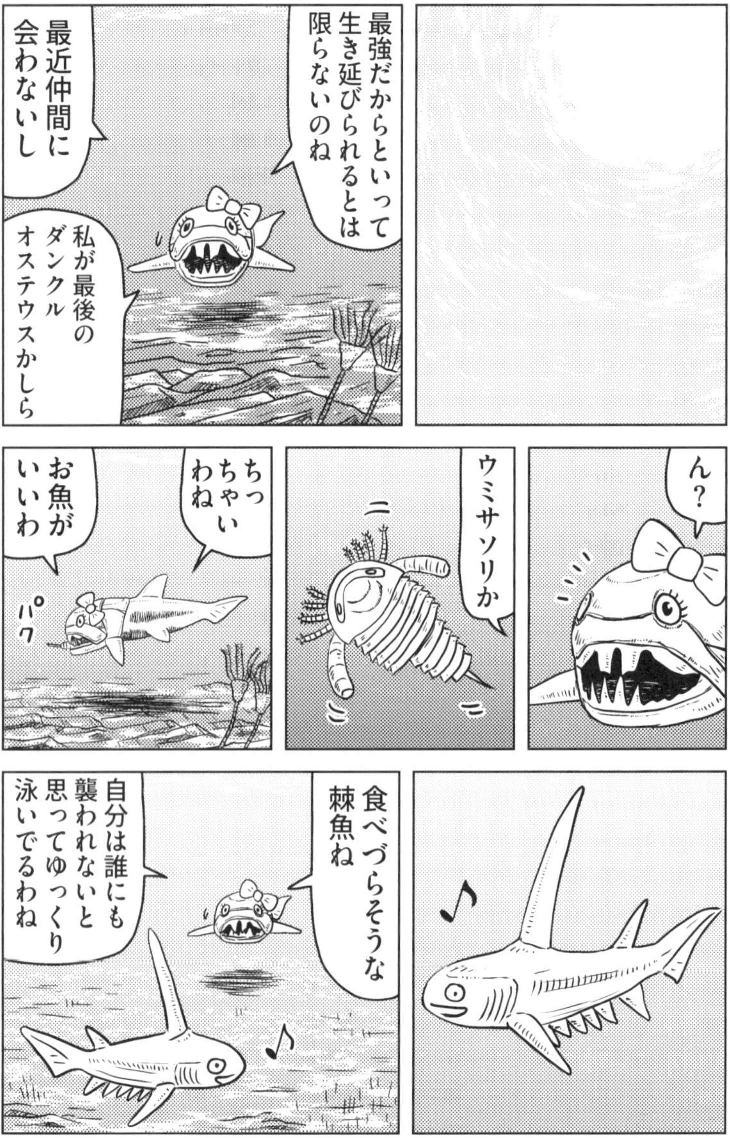
最強だからといって生き延びられるとは限らないのね
最近仲間に会わないし
私が最後のダンクルオステウスかしら
ん？
ウミサソリか
ちっちゃいわね
お魚がいいわ
パク
食べづらそうな棘魚ね
自分は誰にも襲われないと思ってゆっくり泳いでるわね

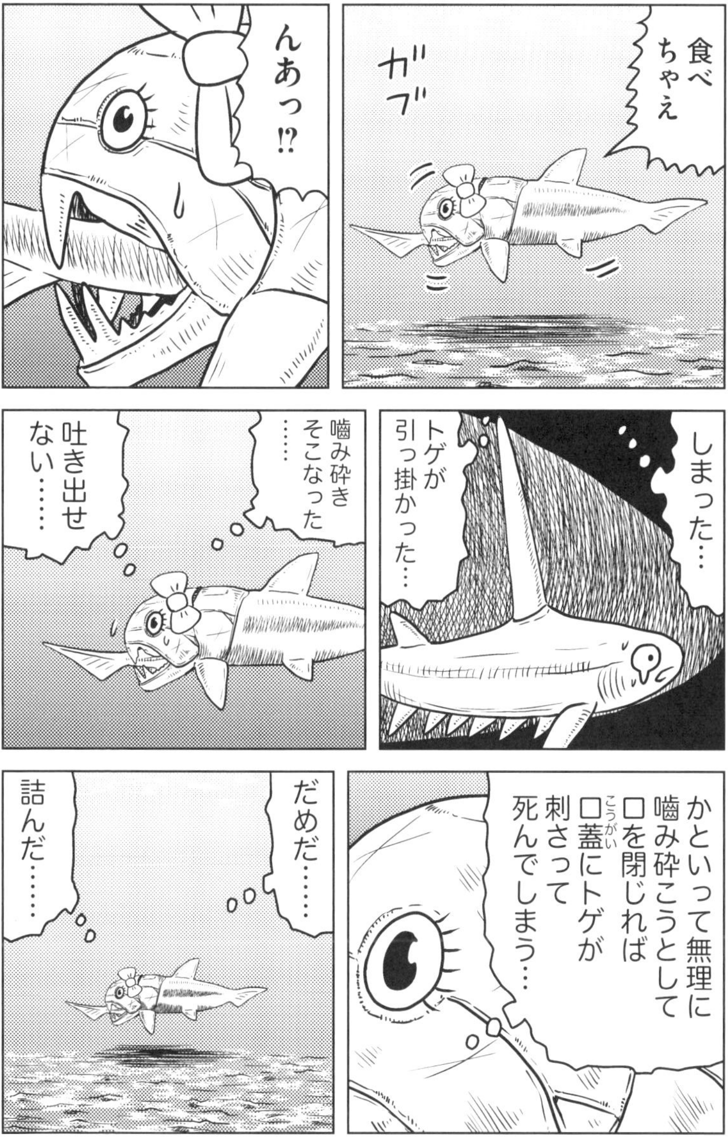
食べちゃえ
ガブ
んあっ⁉
しまった…
トゲが引っ掛かった…
噛み砕きそこなった……
吐き出せない……
かといって無理に噛み砕こうとして口を閉じれば口蓋《こうがい》にトゲが刺さって死んでしまう…
だめだ……
詰んだ……

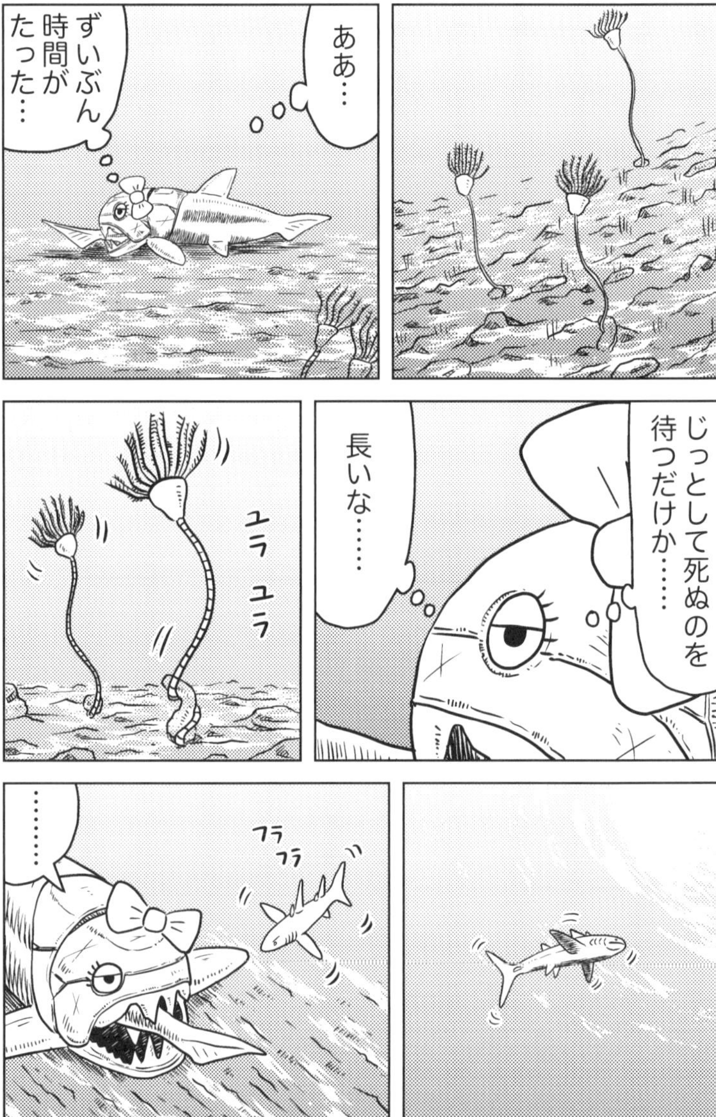
ああ…
ずいぶん時間がたった…
じっとして死ぬのを待つだけか……
長いな……
ユラ ユラ
……
フラ フラ

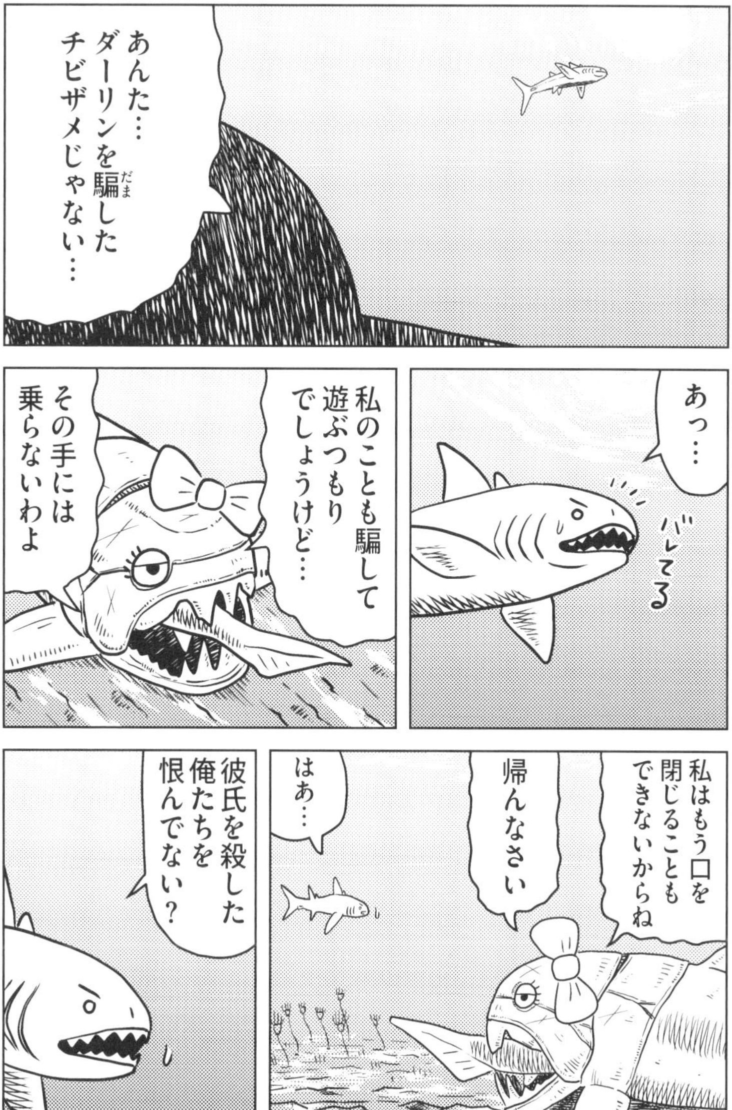
あんた…ダーリンを騙《だま》したチビザメじゃない…
あっ…
バレてる
私のことも騙して遊ぶつもりでしょうけど…
その手には乗らないわよ
私はもう口を閉じることもできないからね
帰んなさい
はあ…
彼氏を殺した俺たちを恨んでない？

恨んでたとしたって
復讐《ふくしゅう》のしようがないでしょ
…………
帰ります……
スゴスゴ
ん？
連れてこい
ゴン

あれは…
サメの親玉
チビ何で戻ってきたのよ
いやどーしたらいいかわかんなくて……
だったらチビ…
私の言うとおりにしなさい
………
ええ？
そうすればあんたもう親玉にいじめられないから

頼んだわよ
はあ…
スポッ
!?
んん?
なんだこのダンクルオステウス
棘魚が喉につかえて口閉じられねえのか
だから口の中に隠れたのかチビ
逃げてんじゃねえチビ
シュッ

バク
ブチチ
棘魚
親玉
スルスル
おねえさん

それは
ダンクルオステウスの
罠であった
……
チビに協力させ
親玉を口の中に誘い込み
噛みちぎったのだ
同時に口の中に
引っ掛かっていた
棘魚のトゲが口蓋に
刺さり自分も死んだ
なんて
パワーだ
その後
史上最強の魚
ダンクルオステウスの
姿を見た者はいない

解説5 大顎を武器とした怪魚が消えた日

最古の魚類と思われるものはミロクンミンギアといい、カンブリア紀の前期（5億2400万年前）に現れた。頭部を持つ脊椎《せきつい》動物であり、広義の魚類に分類されるが、2・6センチほどのナメクジウオのような動物で、魚類というイメージからはほど遠い。

魚らしい魚が現れたのはオルドビス紀（4億9000万〜4億4000万年前）で、顎《あご》のない原始的な魚が次々に現れた。無顎《むがく》類と呼ばれるこれらの魚たちは、さまざまなニッチに適応して、多種多様な形態に進化したが、顎がないのでエサをムシャムシャと食べるわけにはいかない。口を海の底につけて、そこから砂もろともエサとなるものを吸い込んで、栄養となるものだけを摂《と》り、砂などは鰓《えら》から排出するといった摂食方法を採っていた。動作はのろまだったようで、体を硬くて厚い外《がい》骨格で覆い、敵からの襲撃《しゅうげき》を防いでいたと思われる。

しかし、シルル紀（4億4000万〜4億1000万年前）に入って顎のある魚が出現すると、摂食効率の違いから、無顎類は徐々に衰退していった。現在生き残っている無顎類はヤツメウナギ（ほかの魚の皮膚《ひふ》に吸いついて生き血を吸う）やヌタウナギ（腐肉《ふにく》に吸いついて肉を吸いちぎる）といった特殊なニッチを持つ円口類だけである。

顎の出現は脊椎動物の進化史の中で最も重要な出来事である。無顎類の咽頭部《いんとうぶ》の後方の両側にはいくつかの鰓孔《えらあな》があり、その間にこれらを支える上下一対《つい》の鰓弓《さいきゅう》という骨格があり、そのうちのひとつが顎に変わったと考えられている。

シルル紀に出現した最初の有顎類は棘魚類《きょくぎょ》で、その後、板皮類《ばんぴ》が出現したようだ。両グループともデボン紀（4億1000万～3億6000万年前）に繁栄の頂点に達するが、板皮類はデボン紀末にはほぼ絶滅し、棘魚類もペルム紀前期（2億9000万年前）にはほぼ姿を消した。

デボン紀には軟骨魚類と硬骨魚類も出現したが、**デボン紀が終わるまで、海洋の覇権は板皮類が握っていた**。中でも**最強だったのはデボン紀後期に栄えたダンクルオステウス**であろう。体長10メートルに達する怪魚で、頭部は骨質板で覆われ、頭甲《とうこう》と胸甲《きょうこう》の間に蝶番《ちょうつがい》があり、大きく口を開けて獲物を捕らえていたようだ。

しかし、**強いだけでは生き残れない**。徐々に高速で泳げるようになったエサの魚を捕らえるのが難しくなり、絶滅に追い込まれたのであろう。

6 へこたれずに生きる

ヒキガエル

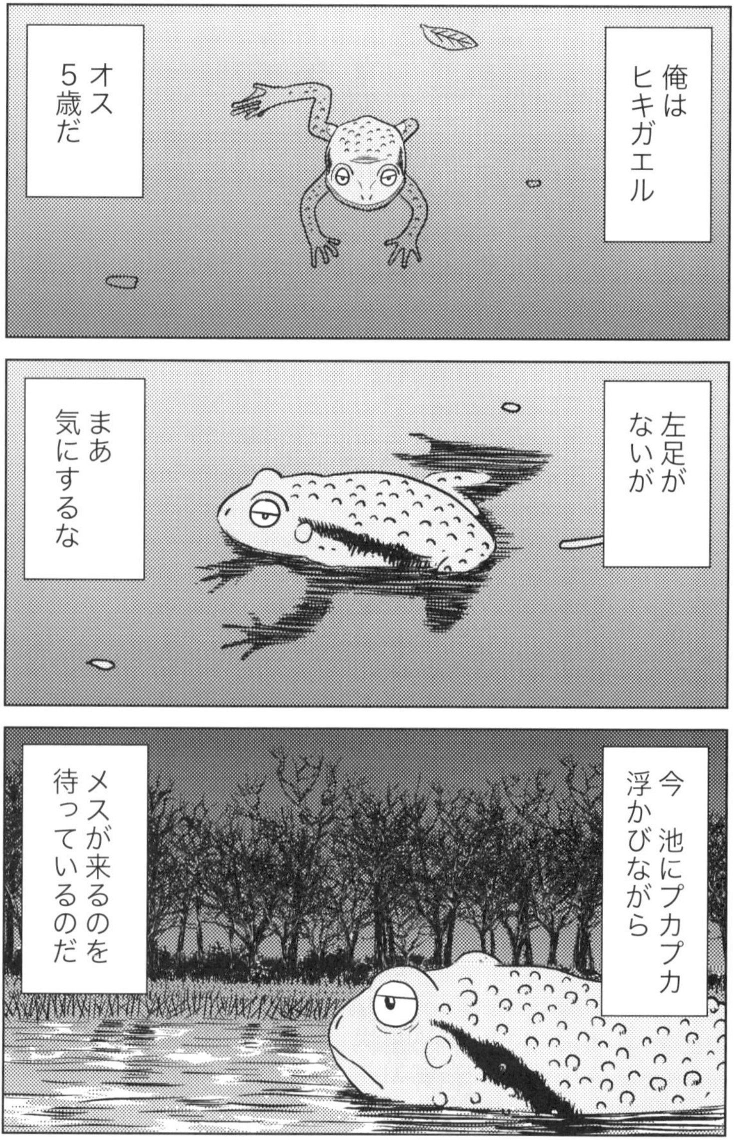
俺は
ヒキガエル
オス
5歳だ
左足が
ないが
まあ
気にするな
今　池にプカプカ
浮かびながら
メスが来るのを
待っているのだ

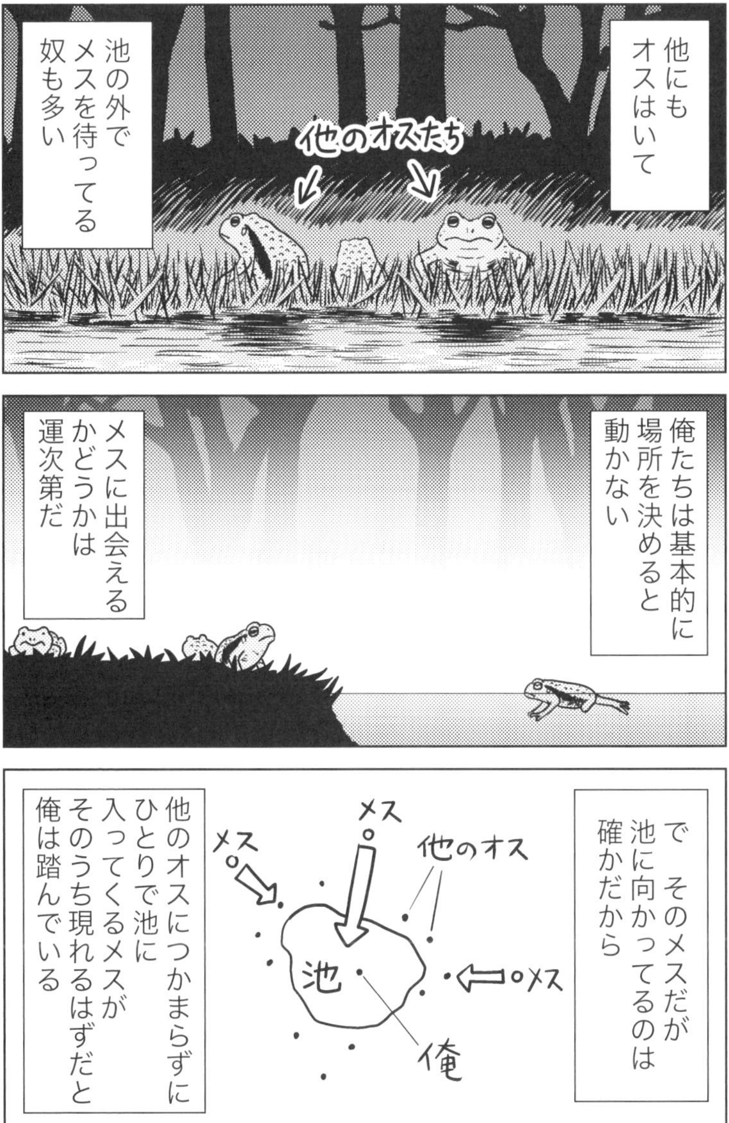
他にもオスはいて
他のオスたち
池の外でメスを待ってる奴も多い
俺たちは基本的に場所を決めると動かない
メスに出会えるかどうかは運次第だ
で そのメスだが池に向かってるのは確かだから
メス
メス
他のオス
池
メス
俺
他のオスにつかまらずにひとりで池に入ってくるメスがそのうち現れるはずだと俺は踏んでいる

自慢じゃないが
俺は今まで
メスをつかまえた
ことはない
だからといって
他のオスと
争ったりしない
それが俺たちの
やり方だ
俺の話は
これでおしまい
えっ
短い？
んー
そうだな

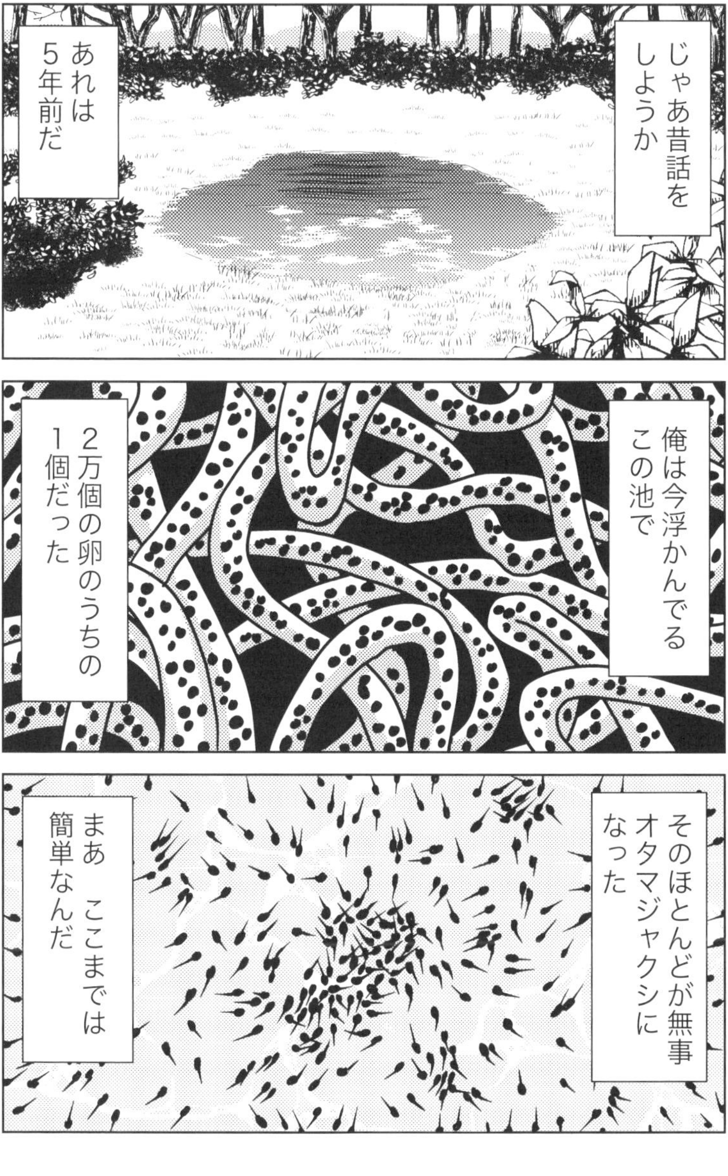
じゃあ昔話をしようか
あれは5年前だ
俺は今浮かんでるこの池で
2万個の卵のうちの1個だった
そのほとんどが無事オタマジャクシになった
まあ　ここまでは簡単なんだ

問題は
そのあとだ
俺たちは
他の動物たち
例えば
メダカ
メダカ
ヤゴ　ゲンゴロウ
イモリ　ヘビ
カラス
そういう奴らの
格好のおやつに
なった
きょうだいたちが次々と
食われていくのを尻目に
俺は必死でエサを食った
藻　他の動物の死骸《しがい》
ゴミ……食えるものは
何でも食って成長した

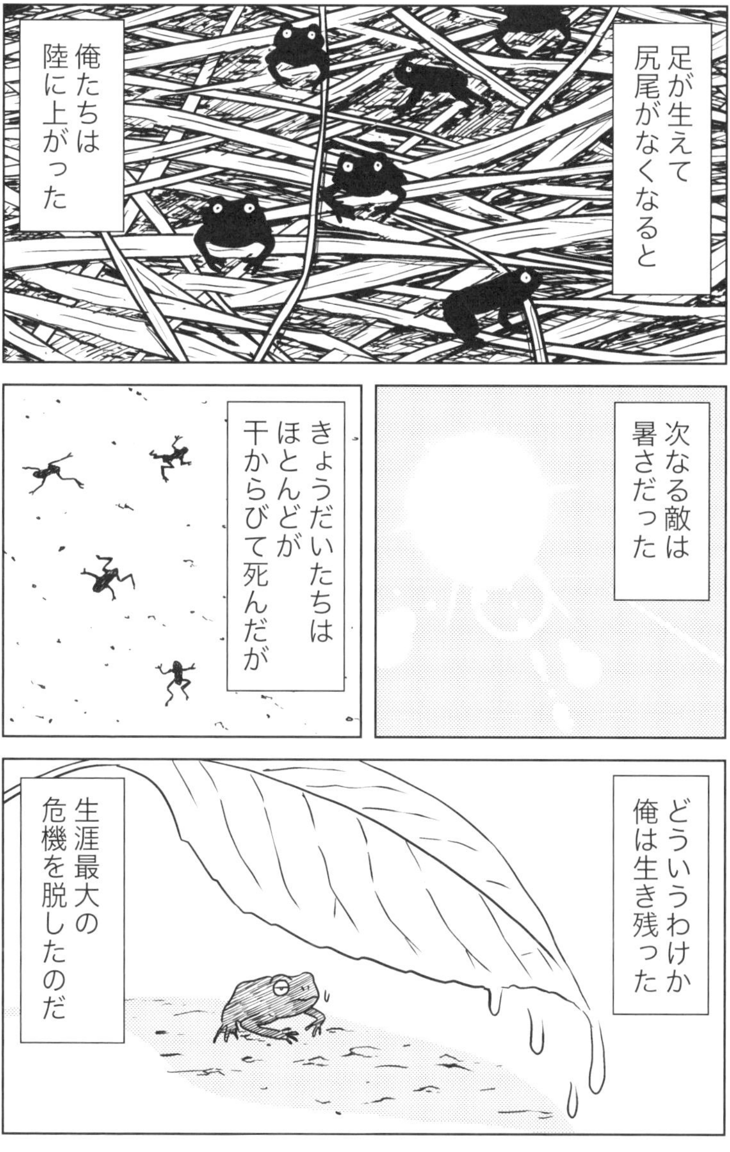
足が生えて
尻尾がなくなると
俺たちは
陸に上がった
次なる敵は
暑さだった
きょうだいたちは
ほとんどが
干からびて死んだが
どういうわけか
俺は生き残った
生涯最大の
危機を脱したのだ

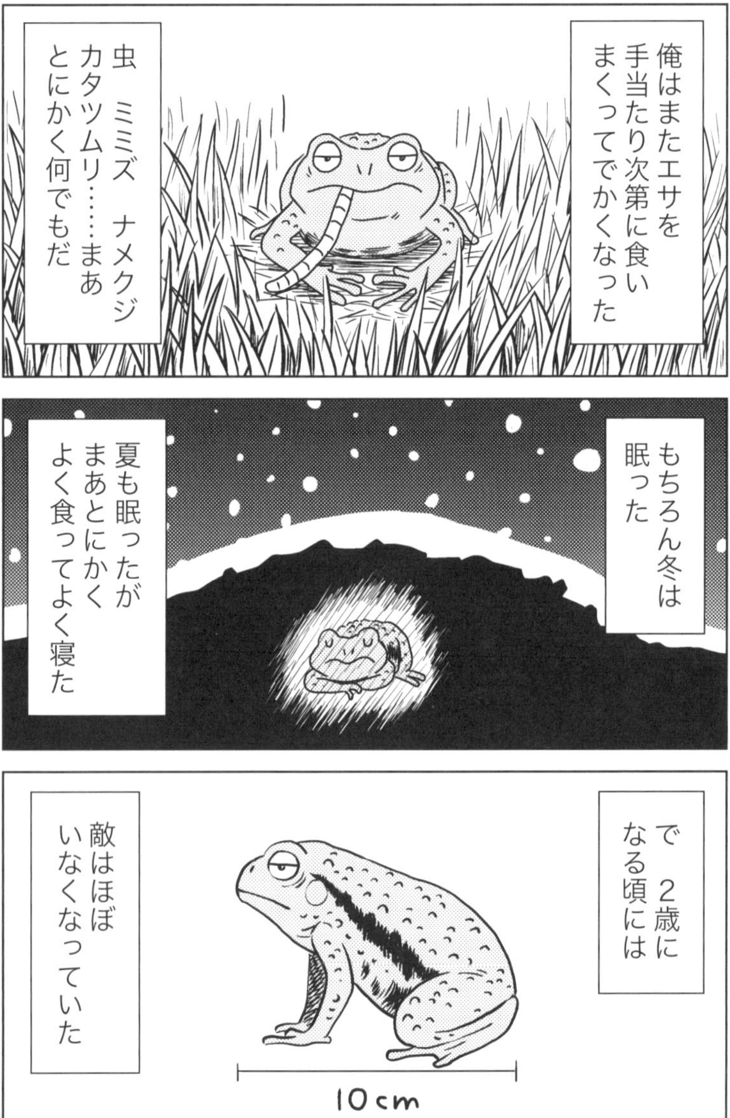
俺はまたエサを手当たり次第に食いまくってでかくなった
虫　ミミズ　ナメクジ　カタツムリ……まぁとにかく何でもだ
もちろん冬は眠った
夏も眠ったがまあとにかくよく食ってよく寝た
で　2歳になる頃には
敵はほぼいなくなっていた
10cm

でもこの池に
繁殖のため戻って
きたのは3歳だ
冬眠から覚めた
ばかりの生暖かい
雨の夜だった
最初 俺は
池の外でメスを
待つことにした
俺をメスと勘違いした
他のオスに抱きつかれて
閉口したが

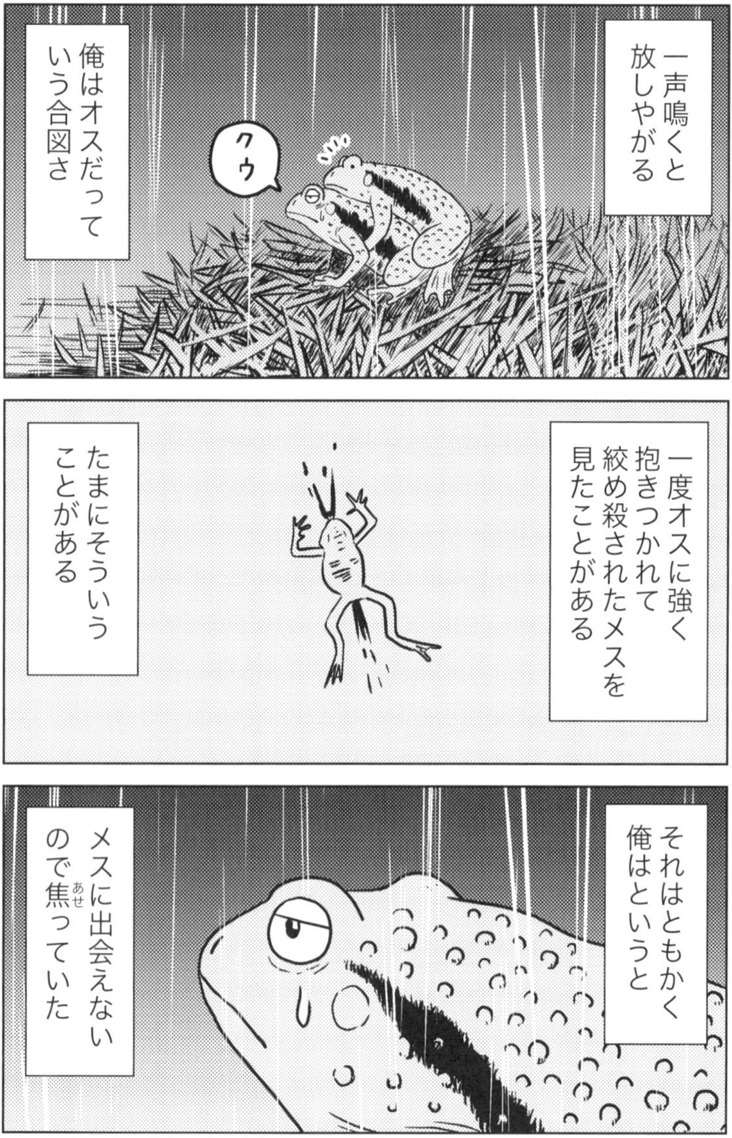
一声鳴くと放しやがる
クウ
俺はオスだっていう合図さ
一度オスに強く抱きつかれて絞め殺されたメスを見たことがある
たまにそういうことがある
それはともかく俺はというと
メスに出会えないので焦《あせ》っていた

一度場所を決めると動かないと言ったが
池
この時俺は動きまくった
でも結局メスに出会えないので諦めてねぐらへ帰った
そんなことをしていたカエルは他にいなかったがな
次の年4歳の早春
俺はまた繁殖に参加していた

前の年と同様
色々場所を変えながら
メスを探したが
ひぃ
ひぃ
それでもやはり
メスには出会えない
メスはもともと
数が少ないのだ
オス
メス
俺は努力のカエル
だったが運を
持っていなかった
俺は悩んだ
いったいどうすれば
メスに出会えるのか

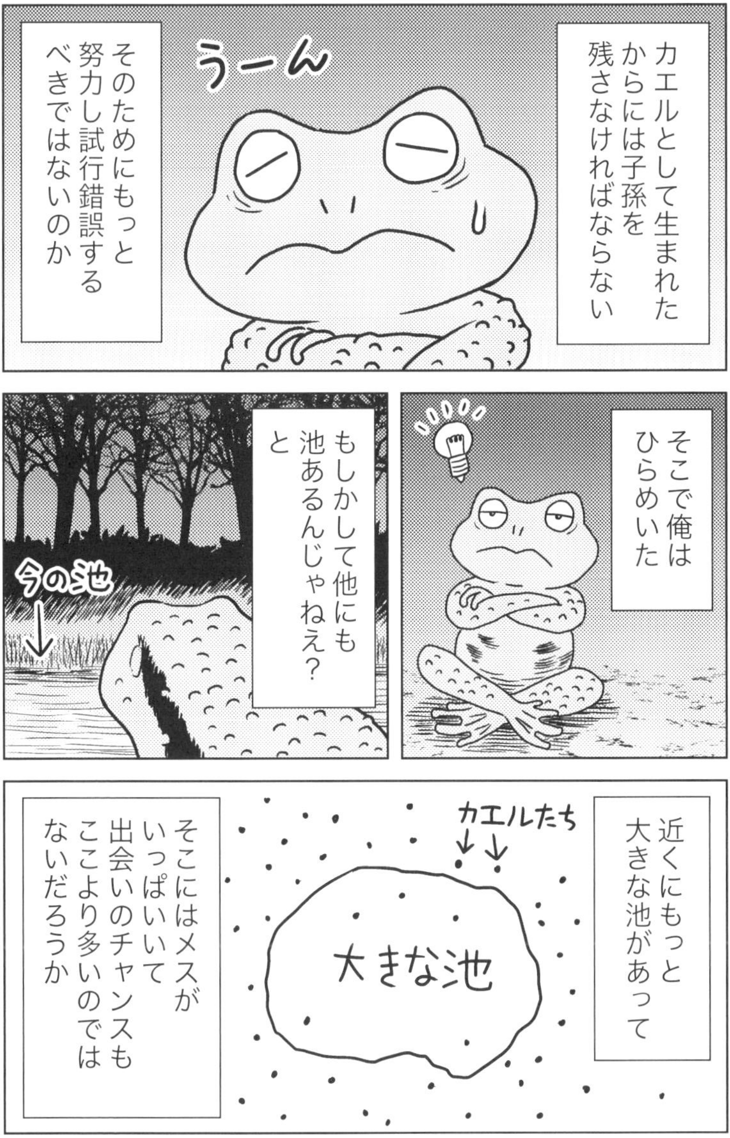
カエルとして生まれたからには子孫を残さなければならない
うーん
そのためにもっと努力し試行錯誤するべきではないのか
そこで俺はひらめいた
もしかして他にも池あるんじゃねえ？と
今の池
近くにもっと大きな池があって
カエルたち
大きな池
そこにはメスがいっぱいいて出会いのチャンスもここより多いのではないだろうか

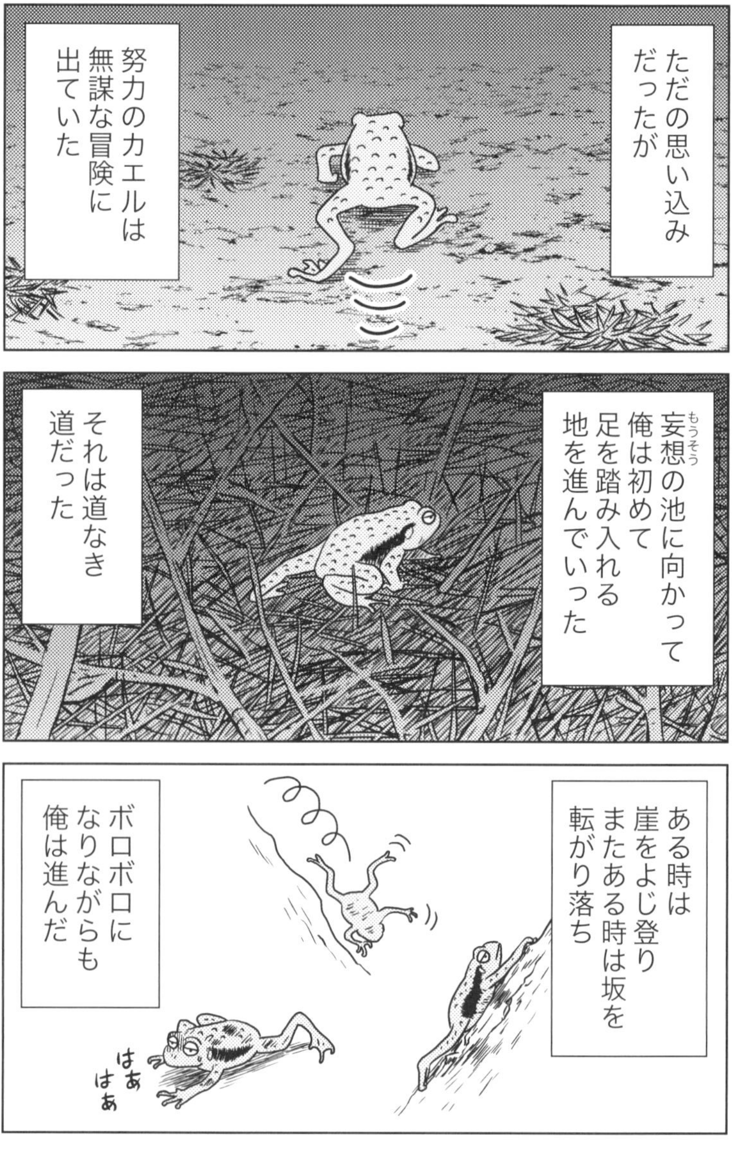
ただの思い込みだったが
努力のカエルは無謀な冒険に出ていた
妄想《もうそう》の池に向かって俺は初めて足を踏み入れる地を進んでいった
それは道なき道だった
ある時は崖をよじ登りまたある時は坂を転がり落ち
ボロボロになりながらも俺は進んだ
はぁはぁ

そして俺は
ついに
ある開けた場所に
やってきた
そこで俺は
思い出したくもない
事件に遭遇《そうぐう》した
コンビニエンス24
巨大な動物が3匹
こっちに近づいてきた
見たこともない
動物だ

俺を見て何か言っている
カエルじゃね？
きもくね？
まさか俺は食われるのか？
何を言っているかわからなかったが
足切ったら再生すんのかな？
それイモリじゃね？
嫌な予感がした
俺は逃げる間もなく
奴らに捕まってしまった

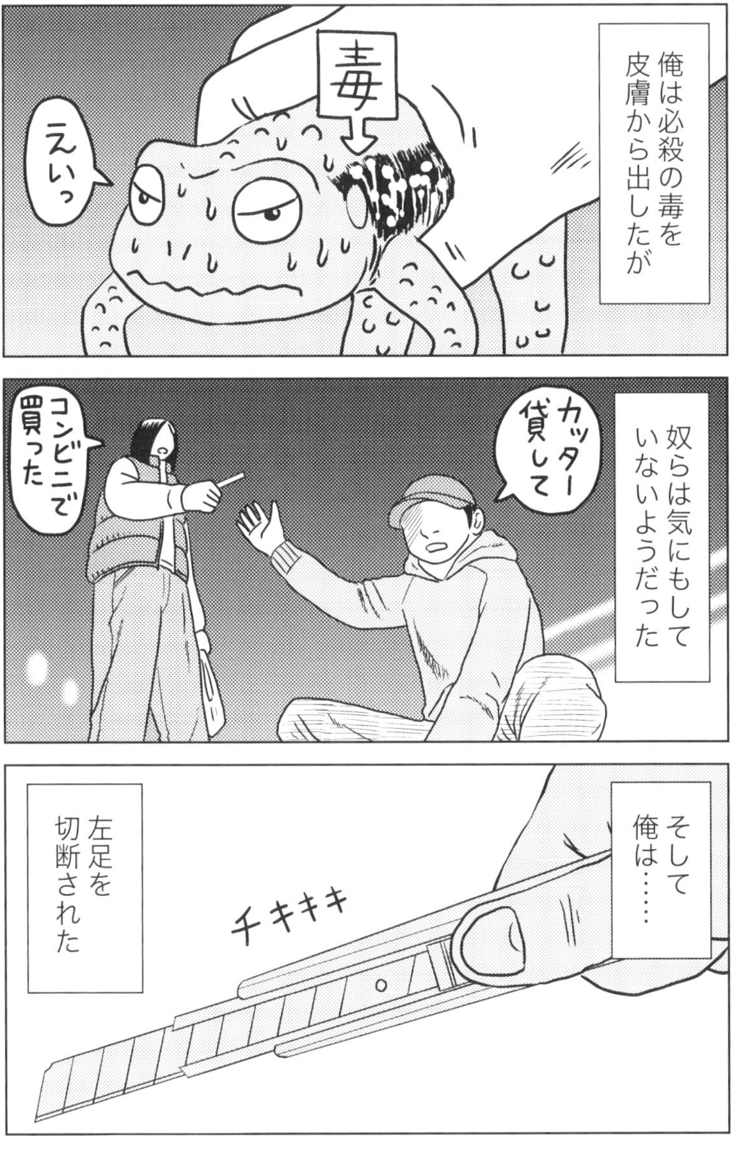
俺は皮膚から必殺の毒を出したが
毒
えいっ
奴らは気にもしていないようだった
カッター貸して
コンビニで買った
そして俺は……
チキキキ
左足を切断された

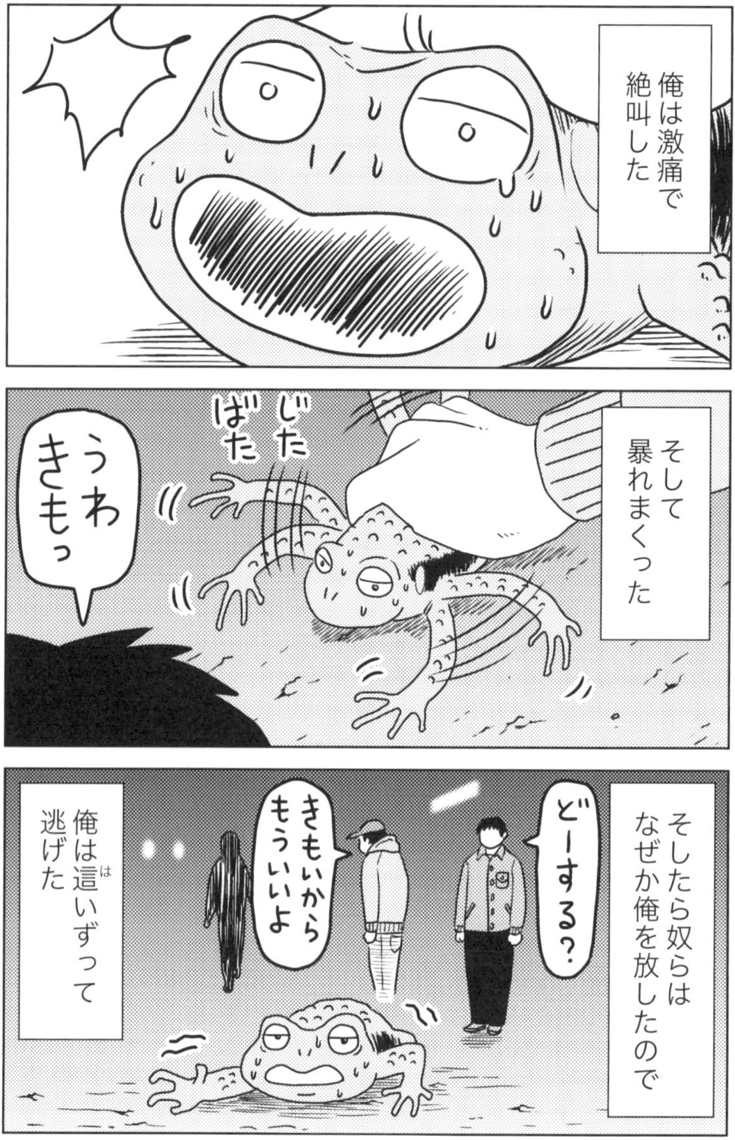
俺は激痛で絶叫した
そして暴れまくった
じたばた
うわきもっ
そしたら奴らはなぜか俺を放したので
どーする？
きもいからもういいよ
俺は這《は》いずって逃げた

気づいたら俺は
来た道を必死で引き返していた
そして奇跡といってもいいだろう
ねぐら
俺はなんとかねぐらに帰り着いた
俺は痛みと疲労で
ガク
そのまま気を失った

いったいどれだけ寝ていたのだろう
目覚めたらずいぶん暖かくなっていた
生涯第二の危機を辛《から》くも乗り切った俺は
つくづく思ったね
これからは心を入れ替えて
努力は控えようってね……

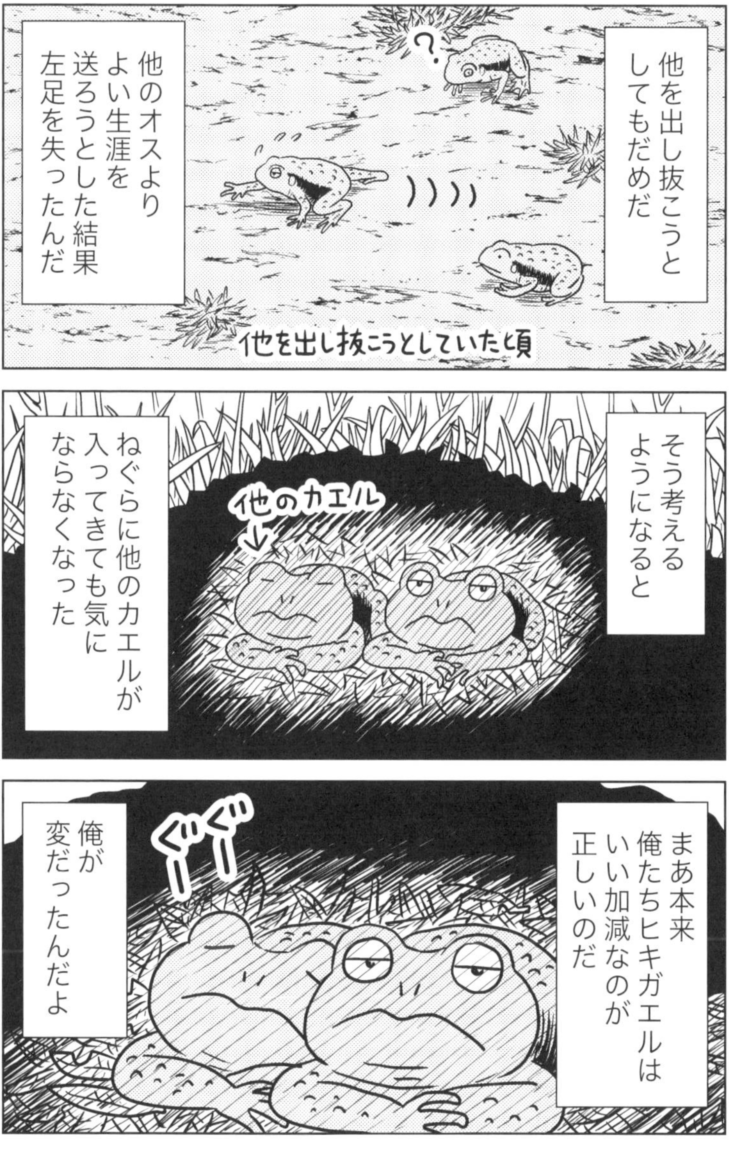
他を出し抜こうとしてもだめだ
他のオスよりよい生涯を送ろうとした結果左足を失ったんだ
?
他を出し抜こうとしていた頃
そう考えるようになると
ねぐらに他のカエルが入ってきても気にならなくなった
他のカエル
まあ本来俺たちヒキガエルはいい加減なのが正しいのだ
俺が変だったんだよ
ぐーぐー

それに左足が
なくても生きるのに
支障はなかった
場所取り争いも
なければ　大した
敵もいないからな
左足を失って俺は
初めてカエルらしく
テキトーに生きる
ようになったのだ
ピシ
真面目に頑張るのは
命取りだぜ
あんたも
気をつけな
俺の話は
本当にこれで
おしまい……

ん？
あれは…
メスか？
しかも背中にオス
背負ってねーぞ

これは
ご褒美《ほうび》か？
ザブ
心を入れ替えて
テキトーになったのを神様が見ててくれたのかな
あれだけ探し回って
出会えなかった
メスと
ついに
出会えたぜ
よし
抱きつこう
ん？

あれ？
バシャ
おい…
バシャ
バシャ
……
オス
何してんの？

さて…今日はもう遅い時間だ
帰るか…
ん？何
来年もまた繁殖に来るかって？
来年も生きてたらその時考えるよ
さようなら

解説6 働き方は生き方に通ず

「生物たちはつねに競争原理にさらされていて、生存競争を生き抜いたものだけが、子孫を残すことができる」という話は広く人口に膾炙《かいしゃ》しているが、本当だろうか。

農耕が始まって以来、人々は働いたり敵と戦ったりすることは善で、そうしないのは悪だと思い込まされてきた。それは、労働の対価である収穫物、とりわけ穀物は貯蔵しておくことができ、働けば働くほど貯蔵量が増え、それを狙う敵と戦う必要があったからである。

現代の資本主義社会では労働の対価は貨幣であるが、働けば働くほどお金が貯まるのは、農耕社会の穀物と選ぶところがない。**進化論の要諦《ようてい》は競争原理による進化だ、と思っている人たちは、自分たちの生活実態を考えて、そうに違いないと思い込んでいるわけだ。**論文生産競争に明け暮れている生物学者も、生存競争が激しい生物種を選んで研究することが多く、公刊された論文を見るかぎり、生存競争は普遍的な現象に見える。

しかし、狩猟採集社会だったころは、過度に働くのは悪であった。冷蔵庫がなかった時代、必要以上に獲物を狩っても、貯蔵しておくことが難しかったので、食えるだけの獲物を狩ればそれで十分だったし、命を懸けて他の部族と戦っても略奪するものはなかったので、無益な戦いはしなかったのだ。

じつは、野生生物にも、戦いはなるべく避けて、必要最小限しか働かない生物がいる。その典型はヒキガエルである。

金沢大学元助教授の奥野良之助《おくのりょうのすけ》著『金沢城のヒキガエル』（どうぶつ社・平凡社ライブラリー文庫）によれば、年間労働時間は１００時間ほどだという。エサを求めて活動するのが50時間、繁殖のために費やすのが50時間、あとは隠れ家の穴の中で惰眠《だみん》をむさぼっている。奥野先生はヒキガエルの研究に9年間を費やし、論文をあまり書かなかったようで、助教授のまま定年退官された。まるでヒキガエルの生き方そのものだ。

ヒキガエルの繁殖期間はわずか年に10日ほど。メスより5倍近くも個体数が多いオスが、メスが産卵のためにやってくる池の周りでメスを待ち受けているが、たいていはメスに出会えず、オス同士で戦うこともないようだ。10年ほどの生涯の間、オスが繁殖に成功するのはわずか1～2度。３本脚のオスが繁殖に成功したこともあったという。

7 20年たつと滅びる

アカシュウカクアリ

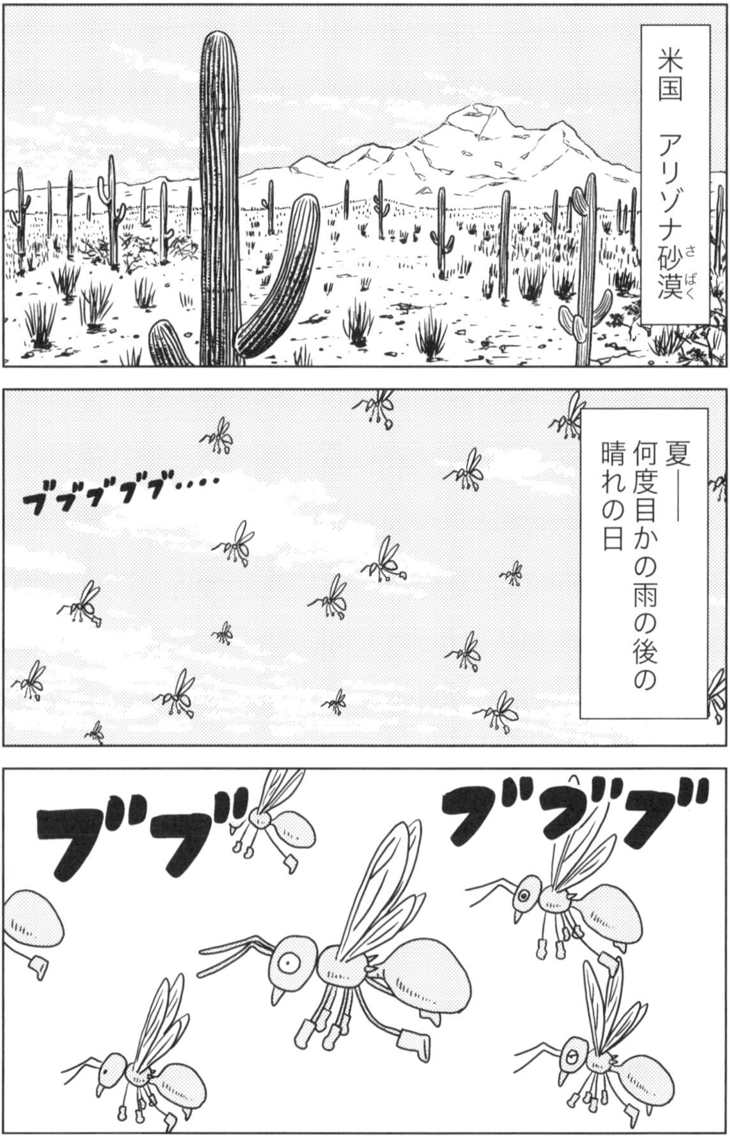
米国　アリゾナ砂漠《さばく》
夏——
何度目かの雨の後の
晴れの日
ブブブブブ‥‥
ブブブ
ブブ

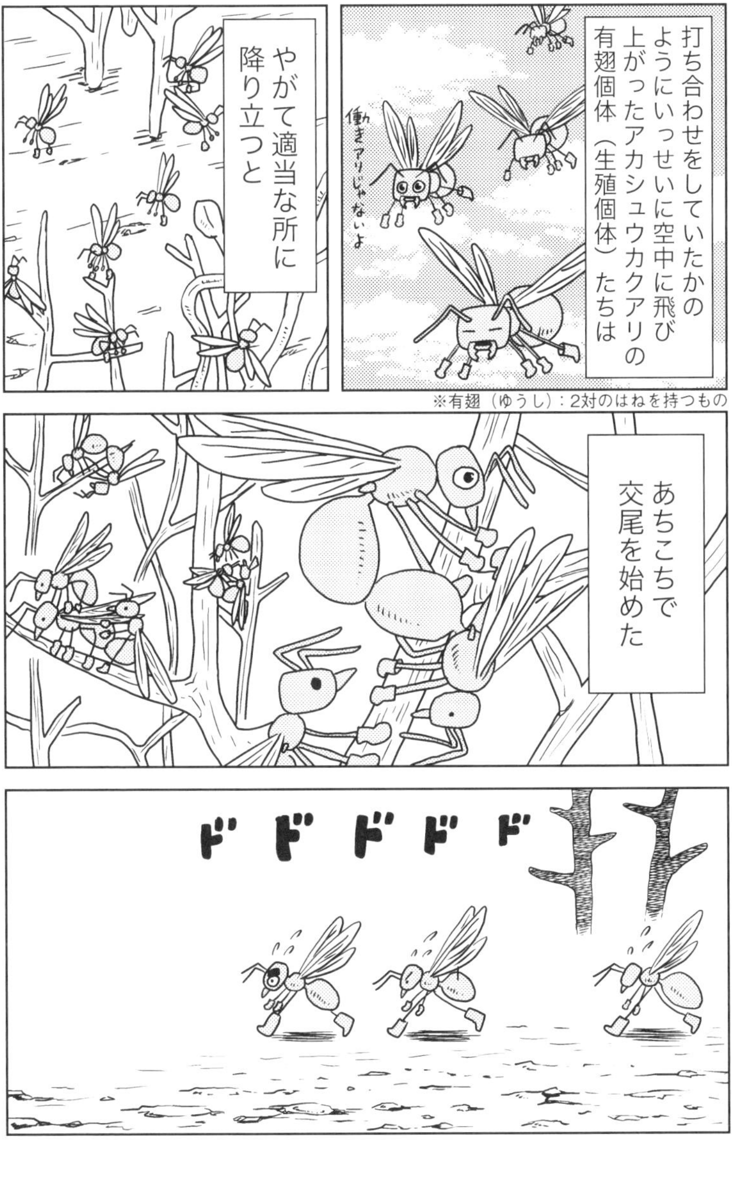
打ち合わせをしていたかのようにいっせいに空中に飛び上がったアカシュウカクアリの有翅個体（生殖個体）たちは
働きアリじゃないよ
やがて適当な所に降り立つと
あちこちで交尾を始めた
ドドドドド

※有翅（ゆうし）：2対のはねを持つもの

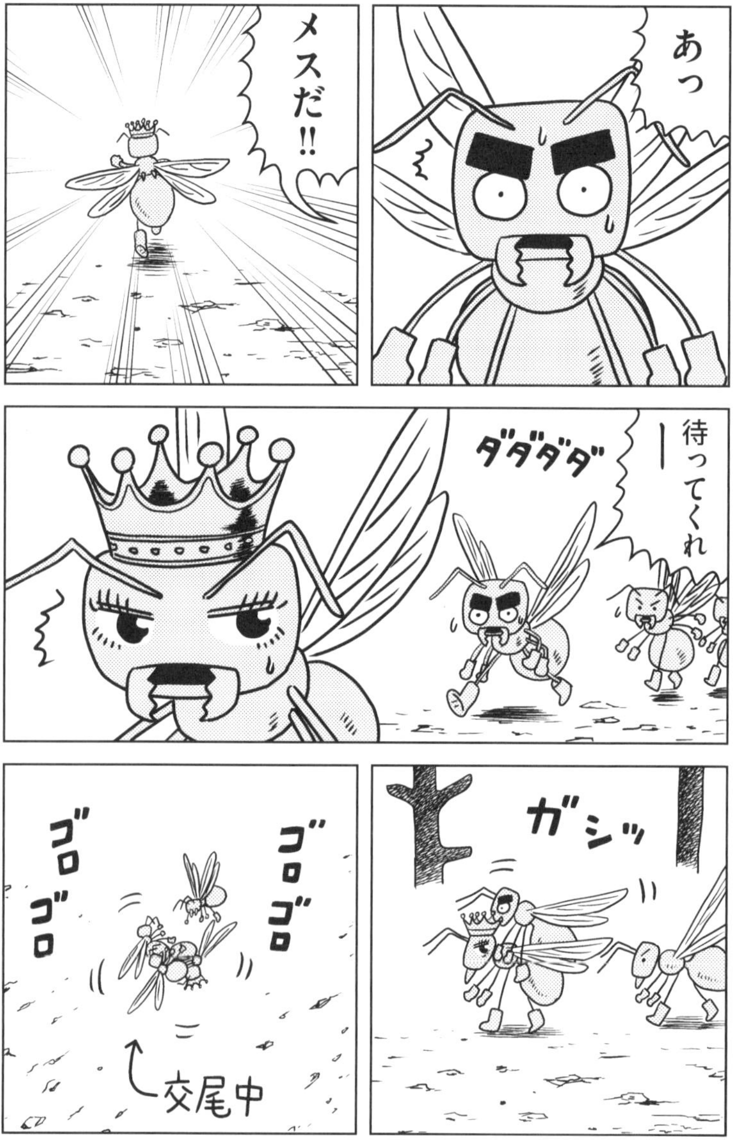
あっ
メスだ!!
待ってくれ
ダダダダ
ガシッ
ゴロゴロ
ゴロゴロ
交尾中

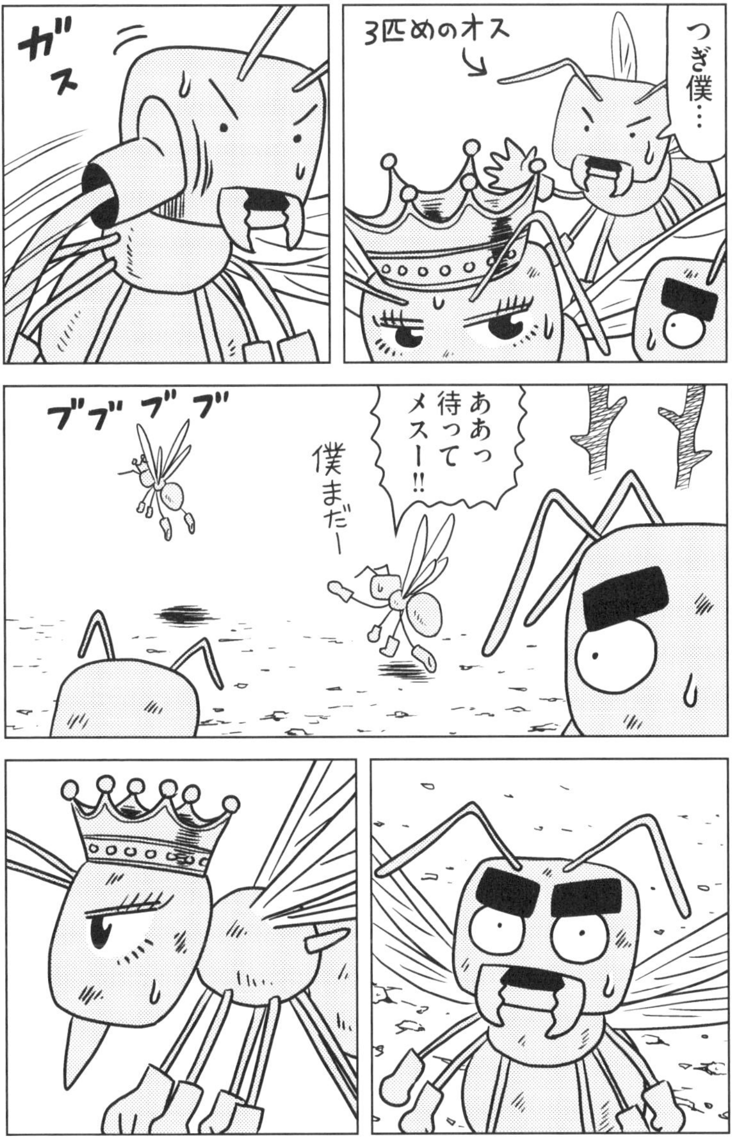
ガス
つぎ僕…
3匹めのオス
ブブブブ
ああっ待ってメスー!!
僕まだー

交尾が終わった後
オスたちは…
寒い…
ガタガタ
ほら
もっと
くっつけ
僕たちこれから
どうなるんだろう
どうなるって
……
アゴに力がまったくない
俺たちに
食えるエサはないよ
植物の種子（アリのエサ）

僕たちの生涯って何なんだろう
俺たちの生涯はともかく
俺たちの精子は運がよければメスの体内の受精嚢で20年生きるさ

※受精嚢（じゅせいのう）：受精の時まで精子を溜めておく小さな袋

僕　交尾してないんだけど…
そりゃ気の毒だったけどな
ごちゃごちゃ言ったってしょうがねーだろ
死ぬまでは生きるんだよ

見ろ
日が昇ってきた
今日も
暑くなるぞ
木陰に
移動するぞ
ほら
立て
うっうっ…
ぐす
それから
2日もすると…
ギラ
ギラ
死ぬまで…
生き…
プルプル
オスたちは力尽きて
1匹残らず死んだ
バタ

一方 飛び立った
メスたちも…
地上に降り立つや
いなや
トカゲなどに
捕食されたり
近くにいた他のアリたちに
連れ去られたりして
ほとんどが命を落とした
首尾よく穴を掘り始めた
メスは…
翅は
落ちる

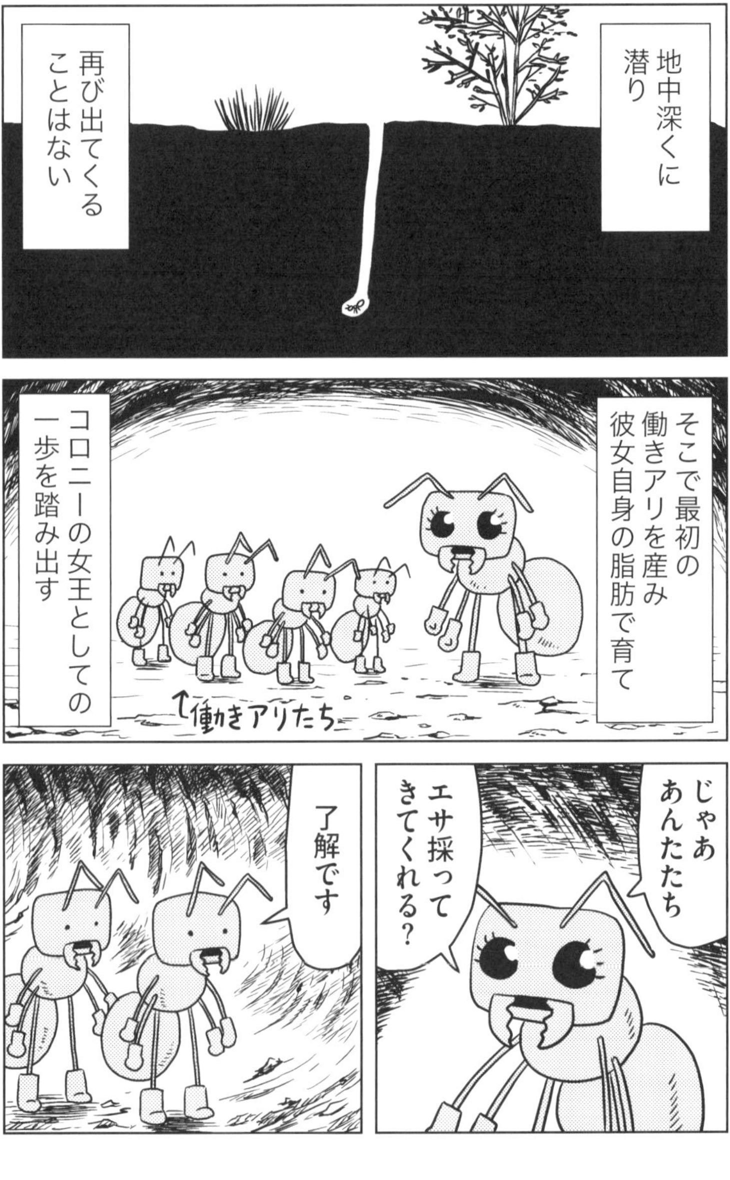
地中深くに潜り
再び出てくることはない
そこで最初の働きアリを産み彼女自身の脂肪で育て
コロニーの女王としての一歩を踏み出す
↑働きアリたち
じゃあ　あんたたち
エサ採って　きてくれる？
了解です

ゾロゾロゾロ…
おっエサ これじゃやね？
ああ これだ
よし持って帰ろう
種子
うん
しかし…
ヒョイ
ワハハハ
でさー
あ…

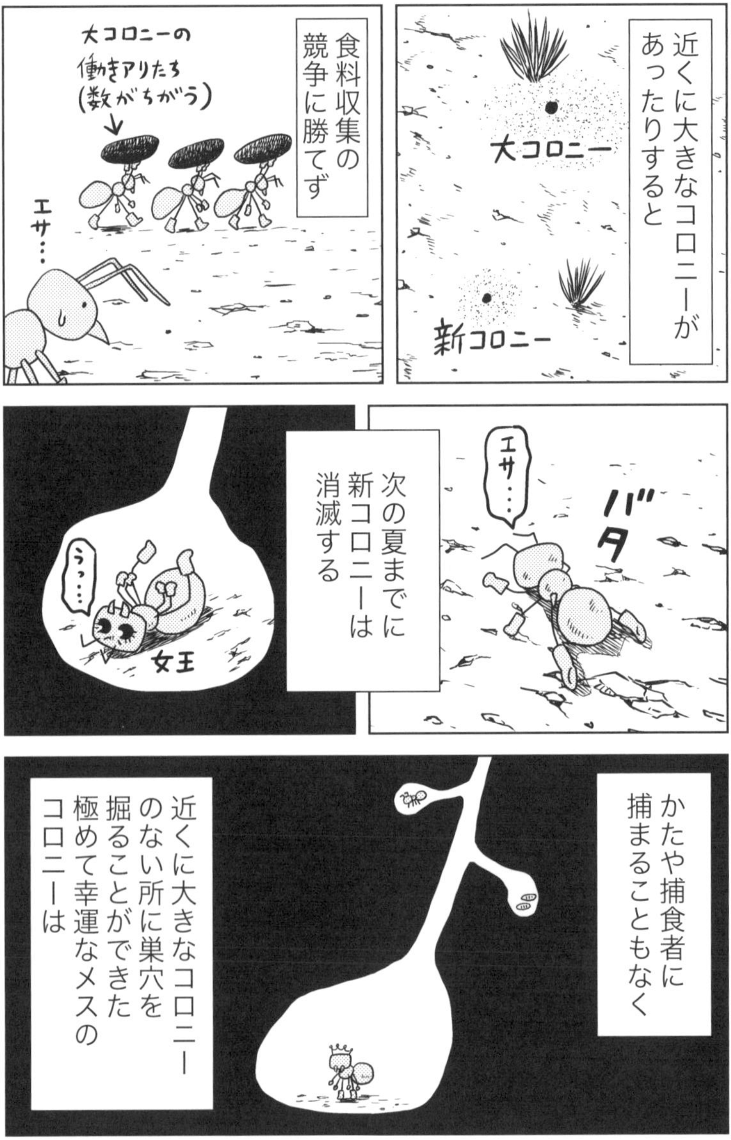
近くに大きなコロニーがあったりすると
大コロニー
新コロニー
食料収集の競争に勝てず
大コロニーの働きアリたち(数がちがう)
エサ…
エサ…
バタ
次の夏までに新コロニーは消滅する
うっ…
女王
かたや捕食者に捕まることもなく
近くに大きなコロニーのない所に巣穴を掘ることができた極めて幸運なメスのコロニーは

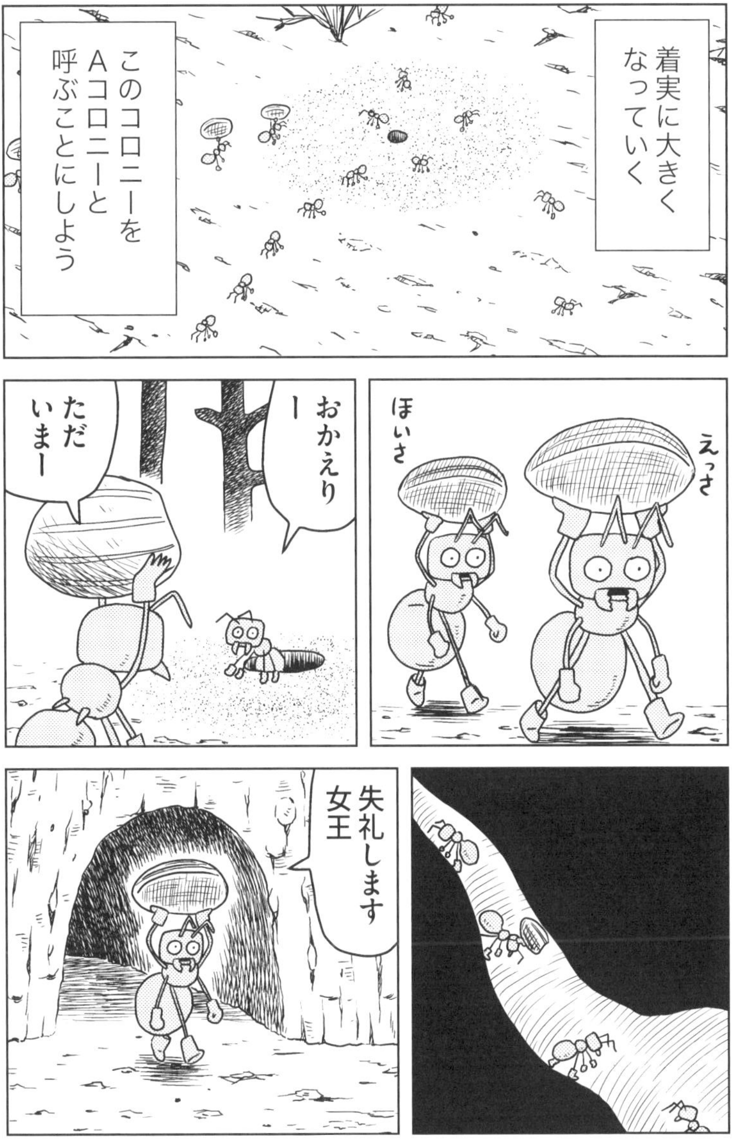
着実に大きくなっていく
このコロニーをAコロニーと呼ぶことにしよう
えっさ
ほいさ
おかえりー
ただいまー
失礼します女王

女王（3歳）
うむ…
お食事置いときますよ
なんだ…今日はそれか
食べてください
お気に召さなくても
外での仕事はどうなっておる？
私は相変わらず

受精嚢に溜めた
オスの精子を使って
オス
ただひたすら地下で
出産するだけだけどな
今まで何千匹
働きアリ
産まされてきたか
はあ…
それでも有翅個体を
産むまでは耐えねば
ならん
お前たちの働きに
すべてが
かかっておるのだ
それでは報告します
女王
話せ
今 外は
大変です
働きアリたちは
1年にも満たない生涯の
すべてを懸けていきます

大変って何が
戦いですよ
戦い？
同い年の隣のコロニーとの
エサ取り争いです
何で戦いなどしておるのだ
そりゃむこうもこっちも一日でも早く女王に有翅個体を産んでもらいたいので
必死なんです
※体の大きな有翅個体を産むにはエサの備蓄がたくさん必要
私だって早く産もうと思っておるわ!!
プレッシャーをかけるでない!!
プレッシャーなんてかけてないですよ
女王が聞くから……

その頃
外ではAコロニーと
隣のコロニーの戦いが
熾烈《しれつ》を極めていた
ワー
ワー
何すんのよ
このこの
隣のコロニーの働きアリ
Aコロニーの働きアリ
種子返してー
うるさーい
えっさ
ほいさ
ん?

ガブ
わあっ!!
ひー助けてー
あっうん…
こら放せー
えいっ
ブチ
あっ…
あっ…
きゃー首がついてくる
わああ
さっそのスキに奴らの種子を……
戦いはさらに続いた

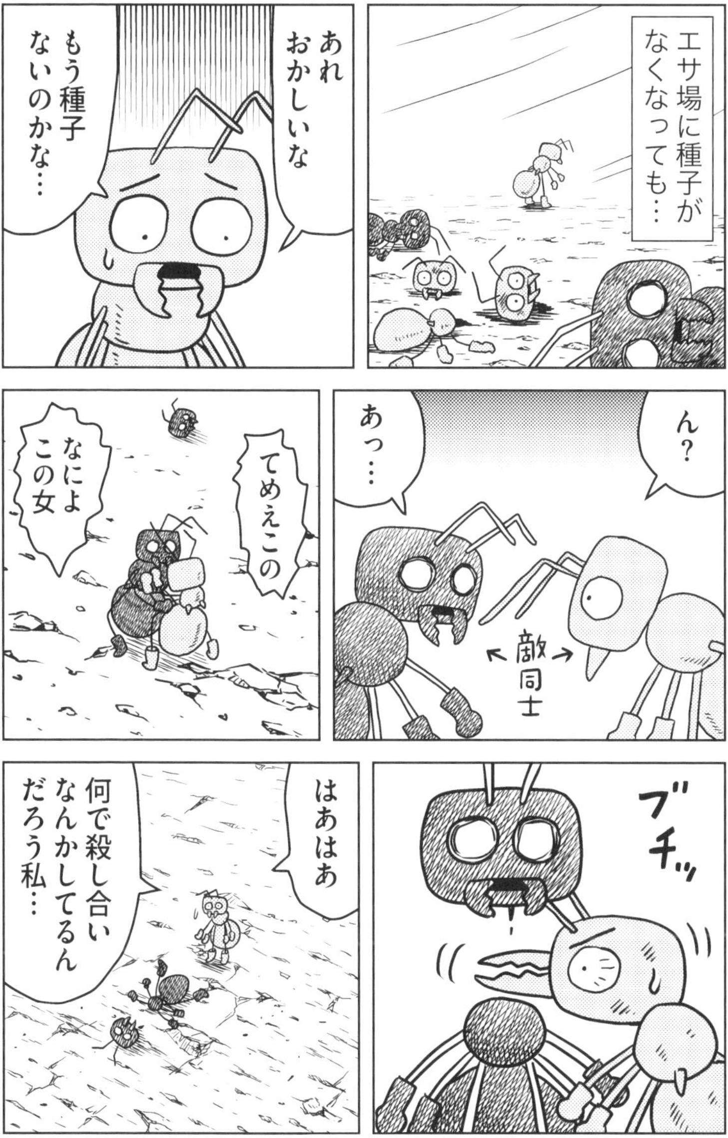
エサ場に種子が
なくなっても…
あれ
おかしいな
もう種子
ないのかな…
ん?
あっ…
敵同士
てめえこの
なによ
この女
ブチッ
はあはあ
何で殺し合い
なんかしてるん
だろう私…

女王に有翅個体を産んでもらうためっていったって自分の子でもないのに…
バカバカしい……
ヒュウウ
この年の戦いの結果得た種子の量は隣のコロニーよりAコロニーの方が少し多くその勢いで翌年もAコロニーが勝利した
その働きアリたちの努力の甲斐あってAコロニーは順調に大きくなった
女王の部屋
そして女王が5歳を迎えるある日…
はあはあ
女王が有翅個体の卵を産んだよー

ついにやったね
うん

頑張りましたね女王
ううむ

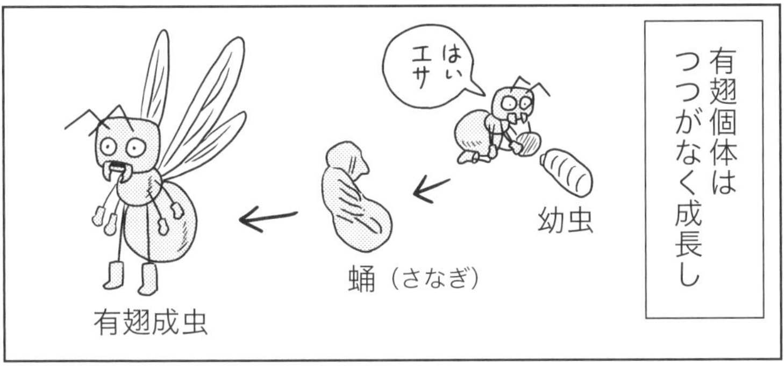
有翅個体はつつがなく成長し
はいエサ
幼虫
蛹（さなぎ）
有翅成虫

結婚飛行の日

ブワァ
行っちゃった
ちゃんと他のコロニー出身の有翅個体と交尾できるかしらね
女王 有翅個体飛んでいったそうですよ
やりましたね
お前たちもよくやった
これで私も一人前か…
それから あっという間に時は過ぎ

15年後
Aコロニー
女王
ん…
女王（20歳）
呼びました？
うむ

ごはん食べたくなりました？
いやいらない
食欲ないわ
私ももうトシね
昔は毎年有翅個体たくさん産んだんだけど
女王……
20年ただひたすら産みまくっただけよ
私の生涯って何だったんだろうってたまに思うけどね
……
さようで

わかる？
そういう気持ち
…いえ
私たち働きアリは
働くだけです
もう私のことは
気にしなくて
よいぞ
あとは好きに
したら
どうだ？
……
女王…
女王はそのまま
息を引き取った
どうする？
これから
どうするって
…
働こうよ

残った働きアリたちは体力の限り働いたがだんだん数は減っていき
えっさ
ほいさ
バタ
また倒れた…
やがて最後の1匹が力尽きると
うっ
ツンツン
Aコロニーは20年の長い歴史に幕を下ろした

解説7 コロニーのために生き、死んでいく

アカシュウカクアリ（ヒゲアメリカナガアリ）は、アリゾナ砂漠《さばく》などのアメリカの高温砂漠地帯に棲む、体長1センチほどの大きなアリで、1頭の女王アリと多数の働きアリで構成されたコロニーに棲んでいる。

交尾のための結婚飛行を終えたメスアリのほとんどは、トカゲや鳥に食べられてしまうが、幸運なメスアリは40センチほどの深さの穴を掘ると、穴の入り口を塞《ふさ》ぎ、二度と地上に出てくることはない。

一方、結婚飛行を終えたオスは数日で死ぬ運命にある。顎の筋肉が退化していてエサを採れないのである。しかし、**女王の体内に送り込まれた精子は、女王が死ぬまで生き続ける。**虎は死んで皮を残し、オスアリは死んで精子を残すのだ。

首尾よく巣穴を掘ったメスは、複数の卵を産んで自分の脂肪《しぼう》で育てるが、最初の働きアリたちが生まれるともはや子育てをせず、産卵以外の労働はすべて働きアリに任せてしま

う。女王アリの誕生である。
　しかし、近隣のコロニーとの競争は激しく、**2歳まで生き延びられるコロニーは10%程度だ。**結婚飛行で勇躍飛び立ったときから数えると、メスアリの生存率は1%に満たない。
　コロニーが2歳になる頃には働きアリの数は1000頭に達し、巣の内部で幼虫や女王の世話をする内働きのアリ、もっぱら外に出て種子を採ってくる外働きのエサ取りアリ、巣の保守をするアリ、食料のありかを探す偵察アリ、ゴミを特定の場所に積み上げる塚アリがいる。ごくわずかだが、敵との戦いに特化した働きアリ（兵隊アリ）もいる。近隣同士のコロニーはエサをめぐって、ときに激しい戦いを繰り広げるが、**若いコロニーの方が戦闘意欲は高い。**
　若い働きアリは内働きのアリとなり、少したつと巣の保守や偵察の仕事につき、1年ほどの生涯の最後の数週間だけ外働きのアリになる。この順序は方向的で、逆転することはない。すなわち、エサ取りアリが巣の保守アリや内働きのアリに戻ることは決してない。不思議なことに、**内働きのアリの大半はほとんど働かず、**ただウロウロしているだけだ。
　コロニーが5歳になる頃までに働きアリの数は1万頭に達し、有翅《ゆうし》の繁殖個体が出現する。その後の物語はマンガに書いてある通りである。女王が死んでも、働きアリは同じように働き続けるが、**最後の働きアリの死と共にコロニーは消滅する。**

池田清彦（いけだ・きよひこ）
1947年、東京都に生まれる。生物学者。早稲田大学名誉教授。東京教育大学理学部卒業、東京都立大学大学院理学研究科博士課程生物学専攻単位取得満期退学、理学博士。構造主義生物学の見地から科学論・社会評論の執筆、テレビ番組（「ホンマでっか!?TV」）長期出演など幅広く活躍している。趣味は昆虫採集。カミキリムシ収集家としても知られる。著書には『本当のことを言ってはいけない』（角川新書）、『自粛バカ』（宝島社新書）、『「現代優生学」の脅威』（インターナショナル新書）、『もうすぐいなくなります』（新潮社）、『ほどほどのすすめ』（さくら舎）などがある。

村木豊（むらき・ゆたか）
1977年、東京都に生まれる。東京水産大学水産学部卒業。出版社に勤務し、書籍の編集、イラスト・マンガ制作に従事する。現在はフリーのイラストレーター。昆虫採集や釣り、キノコ採りなどで得た知見を活かし、生き物のイラストやマンガを主に描いている。

したたかでいい加減《かげん》な生《い》き物《もの》たち

2021年5月13日第1刷発行

監修・解説　池田清彦
マンガ　村木　豊
発行者　古屋信吾
発行所　株式会社さくら舎　http://www.sakurasha.com
〒102-0071　東京都千代田区富士見1-2-11
電話（営業）03-5211-6533
電話（編集）03-5211-6480
FAX　03-5211-6481　振替 00190-8-402060
装丁　村橋雅之
本文組版　有限会社マーリンクレイン
印刷・製本　中央精版印刷株式会社

ISBN978-4-86581-293-0